微信小程序开发入门及实战案例解析

朱学超◎编著

中国铁道出版社有限公司
CHINA RAILWAY PUBLISHING HOUSE CO., LTD.

内 容 简 介

本书从微信小程序介绍讲起，再结合真实项目案例，将小程序框架、基础开发、组件使用、高级开发技巧等，进行逐一讲解。通过本书的学习，读者可以独立完成微信小程序项目的开发，无论是做自己的产品，还是求职加薪，都有很大的帮助。

本书分为11章，包含8个案例章节，其中第一个案例为全案讲解，侧重小程序配置、框架、页面渲染、网络请求等基础知识点；后面几个章节，分别针对不同行业或类型的案例，就其中具有代表性页面或功能、高级组件开发和核心功能点，做重点分析讲解。涵盖的主要内容有微信小程序简介；图片社区、信息查询、积分商城、知识付费、垃圾分类和同城优惠等小程序案例解析；小程序直播开发讲解；小程序未来发展趋势、如何通过小程序广告赚钱、小程序提交审核有哪些注意事项等问题答疑。

本书内容通俗易懂，案例丰富，实用性强，特别适合微信小程序开发入门读者阅读，也适合JavaScript等前端程序员及其他编程爱好者阅读。另外，本书也可作为相关培训机构的教材使用。

图书在版编目（CIP）数据

微信小程序：开发入门及实战案例解析 / 朱学超编著. —北京：中国铁道出版社有限公司，2021. 9

ISBN 978-7-113-28144-1

Ⅰ. ①微… Ⅱ. ①朱… Ⅲ. ①移动终端－应用程序－程序设计 Ⅳ. ① TN929. 53

中国版本图书馆CIP数据核字(2021)第135715号

书　　名：微信小程序：开发入门及实战案例解析
WEIXIN XIAOCHENGXU: KAIFA RUMEN JI SHIZHAN ANLI JIEXI
作　　者： 朱学超

责任编辑： 张　丹　　**编辑部电话：**（010）51873028　　**邮箱：** 232262382@qq.com
封面设计： 宿　萌
责任校对： 孙　玫
责任印制： 赵星辰

出版发行： 中国铁道出版社有限公司（100054，北京市西城区右安门西街8号）
网　　址： http://www.tdpress.com
印　　刷： 国铁印务有限公司
版　　次： 2021年9月第1版　2021年9月第1次印刷
开　　本： 787 mm×1092 mm　1/16　印张：18.5　字数：463千
书　　号： ISBN 978-7-113-28144-1
定　　价： 79.80元

前言

为什么要写这本书

为什么要写这本书，竟然一时不知道该从何说起。我是2008年出来工作，做软件开发的。前五年是做C#开发，后面做了三年的产品经理（从技术转型到产品，会经历怎样的痛苦煎熬和摸索，感兴趣的朋友，可前往我的博客或公众号，阅读相关文章）这期间技术并没有丢，自学了PHP，利用业余时间做软件外包。于2016年底出来创业，成立了软件开发公司，自己作为创始人也担任CTO，从事一些项目或核心功能的开发。所以在软件开发方面，我拥有丰富的项目经验，也曾想过把自己积累的经验能够分享出去，帮助更多的人学习编程开发。

在两年前，就有出版社通过博客联系我，问我有没有兴趣写书。当时因为比较忙，主要是没有意识和想法去写书。在2020年上半年，由于疫情的缘故，在家算是休息了几个月，刚好有出版社编辑跟我联系写书事宜。考虑到微信小程序开发是当下热门的编程学习领域，而我以及公司的业务主要是做微信小程序开发。在这个方面，我也有多年的项目开发经验，所以最终确定写一本微信小程序开发方面的书。

之所以下定决心写书，还有一个很重要的原因是：在2020年四五月，我录制了微信小程序开发的视频教程，上传到CSDN学院、51CTO学院和网易云课堂等平台，收获了不少学员，也获得了一些学员的反馈，让我感受到当老师和分享知识、教授他人的乐趣。

在写这本书之前，我翻阅了不少小程序开发的相关书籍，发现目前市面上微信小程序开发的书虽然已有很多，但有些书可能出书的时间比较早，差不多都是逐个讲解组件和API的使用，以及一些框架、页面渲染、事件绑定等基础知识。在我看来，与微信小程序官方开发文档并无二致，真正基于小程序项目实战案例做讲解的书籍并不多。

既然要写书，就要尽可能地有所差异化，而且我个人比较反感：一本书中出现太多重复的内容。“尽量让读者能够花最少的时间，学到最实用的内容”这是我写这本书的初衷。

回到问题“为什么要写这本书？”我想把近四年的微信小程序项目开发经验（也包括十余年的编程心得），以真实的项目案例解析，通过书籍这种载体，跟更多的人做讲解和分享。真实的项目案例，有什么魔力好处或优势？以微信登录为例，我在第2章中，花了比较多的篇幅来进行讲解，相比用为了写书而写一个微信登录的Demo，在讲解上难度要比实际操作大得多。但我更愿意以这种真实的案例做讲解，因为能让读者学到更多细节和痛点，可以在实际项目开发中直接使用的技能，而不只是一个Demo（Demo讲解一个知识点没问题，但多半都缺少实际应用场景，与实际应用一般都有比较大的差距）。

本书有什么特色

1. 相对新的小程序开发技术和规范

本书的项目案例，基本上都满足比较新的微信小程序开发规范，比如，微信登录的实现；也使用了最新的微信小程序开发技术，比如，订阅消息、小程序直播组件等。

2. 高级进阶技能学习，让你更高效、优雅地完成小程序开发

通过一些模板、自定义组件、复杂效果和高级功能的实现讲解，比如，图片瀑布流、列表滑动取消、每日签到弹窗、用户动态弹幕、滑动吸顶停靠、福利卡片滑动切换、音频播放器和语音搜索等，让读者学习到可以直接在项目开发中使用的进阶技能，提高开发效率。

3. 实际案例解析，让你掌握更直观、实用的开发技巧

本书包含8个微信小程序项目实战案例，这些案例来源于作者参与开发的实际项目，都是已发布上线、真实在运营的，方便你能边看边学、更好地掌握。在每个不同类型或行业案例中，讲解相关组件、API的使用，以及核心功能或页面的实现，便于能更好地理解，学习到更实用的技能，摆脱纸上谈兵的尴尬。

4. 编程思想及经验分享，提升你的编程能力

在案例讲解中，融入了编程思想及经验的分享。“不只是学习技术，重要的是在思想上能有所提升”，希望让你在学习技术的同时，潜移默化中，能够加深对一些编程思想的认识。比如，书中多次提到的代码封装，封装最大的一个特点就是：代码简洁，提高代码的可读性，这一点很重要很关键。因为无论你学习哪种编程语言，编程能力很重要的一点就体现在——你的代码实现是否够简洁，可读性是否够好。

5. 提供完善的技术支持和售后服务

本书提供了专门的技术支持邮箱：xuechao_zhu@163.com。在阅读本书过程中有任何疑问都可以通过该邮箱获得帮助。也可以关注我的个人微信公众号：超阅认知，更方便、及时地沟通，推荐首选这种方式。

本书内容及知识体系

第1篇　小程序介绍（第1章）

本篇围绕微信小程序开发初学者，开始学习前比较关心且有必要弄清楚的问题：什么是微信小程序，为什么要学习微信小程序开发，微信小程序开发前有哪些准备步骤，微信小程序开发工具如何使用？对于这些问题，进行针对性的逐一解答，以帮助你顺利开启微信小程序开发学习之旅。

第2篇　案例解析（第2~9章）

本篇包含8个微信小程序项目案例，其中第一个案例为全案例讲解，侧重小程序配置、框架、页面渲染、网络请求、相关组件使用的基础知识点；后面几个章节，分别针对不同行业或类型的案例，就其中具有代表性页面或功能、高级组件开发和核心功能点，做重点分析讲解。案例包括：图片工具小程序、图片社区小程序、信息查询小程序、积分商城小程序、企业门户小程序、知识付费小程序、垃圾分类小程序和同城优惠小程序。

第3篇　小程序直播（第10章）

本篇围绕微信小程序直播开发相关问题、步骤及实现，做逐一讲解。内容包括：微信小程序直播组件介绍、微信小程序直播开通、创建小程序直播间、小程序主播端认证及使用、接入第三方推流设备和小程序里直播间代码实现。让读者了解小程序直播开通等相关流程，以及学习和掌握微信小程序直播组件的开发。

第4篇　问题答疑（第11章）

本篇围绕微信小程序开发初学者所关心的问题：微信小程序未来发展趋势怎样？什么类型的应用适合微信小程序开发？微信小程序云开发和原生开发如何选择？如何通过微信小程序广告赚钱？微信小程序提交审核有哪些注意事项？对于这些问题，进行针对性地逐一解答，帮助你在学习小程序开发时，能更坚定学习的意义及目标。

适合阅读本书的读者

- 微信小程序开发初学者；
- 前端开发程序员；
- JavaScript程序员；
- 微信小程序开发进阶学习的人员；
- 希望提高小程序项目实战开发技能的人员；
- 计算机相关专业的大学生；
- 专业培训机构的学员；
- 软件开发项目经理；
- 需要一本小程序开发手册的人员。

阅读本书的建议

- 没有微信小程序开发基础的读者，建议从第1章按顺序阅读，并尽量将案例中的页面或功能，自己动手实现（动手实操是检验学习效果最有效的途径）。此外，再结合微信小程序官方开发文档，做相关及必要的内容查阅，以便于构建更完整的知识体系。
- 每一章的“课后习题”（在附赠资源中），建议都逐个做完，并在书中找答案进行核对，这样能有效检测学习效果，回顾知识点，记忆更加深刻（对于微信小程序开发初学者，这点尤为重要）。
- 有一定微信小程序开发基础的读者，可根据实际情况，选择感兴趣的章节进行针对性的阅读。
- 有微信小程序项目开发经验的读者，可以增大一下难度，对于书中案例关键功能或页面的讲解，建议根据功能（需求）描述，先自己考虑一下实现思路，然后阅读书中的实现讲解，看一下是否一致，或者比较一下优缺点。这样能很好地提升思维能力，并最大化提升学习效果。

- 带着疑问去阅读，不仅是你阅读之前明确要解决的问题（阅读目的），而且在阅读过程中，也要多反问自己：这是最好的实现方案吗？是否有其他更简便的实现方式？通过不断的自我提问，你的思维将会不断被打开，也能从中收获更多知识。

数据资源获取

为了方便不同网络环境的读者学习，也为了提升图书的附加价值，本书重要案例源代码和每章课后习题及答案，请读者在电脑端打开链接下载获取。

出版社网址：http://www.m.crphdm.com/2021/0818/14380.shtml

网盘网址：https://pan.baidu.com/s/1gQMDSC5pD0KKUGkuGAvzgQ

提取码：qxn6

扫一扫，复制网址到电脑端下载文件

朱学超

2021年6月

目 录

第1章 小程序介绍

第2章 图片工具：高清壁纸推荐

第 8 章

第 9 章　同城优惠：商家一卡通

小程序直播开发

第11章 问题答疑

第1章 小程序介绍

什么是微信小程序，为什么要学习微信小程序开发，小程序开发前有哪些准备步骤，小程序开发工具如何使用？这些是微信小程序开发初学者，开始学习前比较关心且有必要弄清楚的问题。作为本书的第1章，首先对于这些问题，进行针对性的逐一解答，以帮助你顺利开启微信小程序开发学习之旅。

学习思维导图

学习目标	1. 什么是微信小程序 2. 为什么要学习微信小程序开发 3. 小程序开发前有哪些准备步骤 4. 小程序开发工具如何使用
重点知识	1. 微信小程序介绍 2. 学习小程序开发的必要性 3. 小程序开发前准备 4. 小程序开发工具的使用
关键词	学习小程序必要性、小程序开发工具

1.1 什么是微信小程序

微信小程序简称小程序，英文名MiniProgram，是一种无须下载、无须安装即可使用的应用。它实现了应用“触手可及”的梦想，用户扫一扫或搜一下即可打开应用。微信小程序依托于微信客户端，它与微信公众号一样（它与公众号都属于微信公众平台账号，只不过是不同类型的），都属于微信（客户端）内置应用或功能。所以，现阶段使用的微信小程序，必须要通过微信客户端。

微信小程序从2016年9月发展至今，逐渐开放了很多流量入口，主要及常见入口如图1.1所示。

以微信搜索入口为例，输入想要查找内容或功能的关键词，或者是小程序名称，即可方便快捷地找到需要的小程序，点击小程序即可直接使用。比如，想找几张手机高清壁纸，搜索关键词“高清壁纸”，出现如图1.2所示的搜索结果列表。

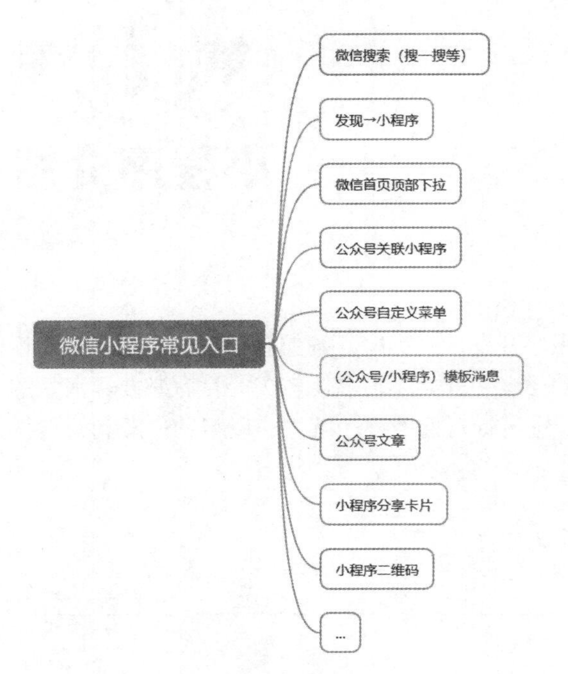

图1.1　微信小程序常见入口

图1.2　“高清壁纸”小程序搜索结果列表

对于微信小程序，用一句话概括就是无须下载、无须安装、用完即走的应用。

1.2　为什么要学习微信小程序开发

经常有网友和身边的朋友，跟我咨询：是否有必要学习微信小程序开发？微信小程序、QQ小程序、头条小程序、百度小程序和支付宝小程序等应该优先学习哪一个？想学习一门前端技术，不知道学习什么好，有什么技术可以推荐的？

以上问题，其实核心是要解决并弄清楚学习微信小程序开发的必要性。我从微信小程序的优势、就业行情及前景、发展情况及趋势等方面，将其学习的必要性归纳总结为以下五点。

（1）小程序是趋势且应用场景很广

以小程序为代表的轻运用，经过近几年的发展，由于其明显的优势：相对App无须下载、无须安装，且有着和App一样的用户体验，深受广大用户的青睐。毋庸置疑，小程序是以后的发展趋势，而且这种趋势会随着它的应用场景以及功能越来越丰富，会逐渐深入到我们生活的方方面面。其应用场景及未来发展趋势，在第11章中有具体的描述。

（2）微信小程序是目前用户量最大、最活跃的平台

这一点无须多说，依托微信庞大的用户群，微信小程序无论是应用数量，还是用户数量，相比其他的支付宝、百度等小程序，都有明显的优势。说它是最活跃的平台，看看你自己及身边的朋友，经常使用的是哪种类型的小程序就知道了。

（3）微信小程序是目前发展最成熟的平台

微信小程序起步较早，发展到现在，功能等方面都相对最完善，平台也最成熟，支持PC端、小程序硬件框架（WMPF）和小程序直播等。

（4）微信小程序开发就业及发展前景广阔

就目前来说，以上海为例，1~3年开发经验的，微信小程序开发的岗位薪资，月薪在15000~20000元。这在前端开发岗位招聘中，算是薪资比较高的了，甚至超过部分（相同开发经验年限的）后端开发的岗位薪资。除了岗位薪资比较高，招聘的企业数量也比较多，足以看出市场对微信小程序开发的岗位需求量比较大。以后就业前景如何呢？在第11章中有介绍：随着5G和物联网的快速发展，逐渐普及，会有更多小程序应用场景，小程序的应用将会更加普遍和广泛，开发需求也将可能迎来新一轮的爆发。所以，微信小程序开发未来的就业前景是比较广阔的。

说完就业前景，再来谈谈发展前景。简单来说，微信小程序开发对于以下在职人群都有必要学习。

① 对于产品经理，微信小程序开发虽不一定需要掌握，但有必要有基础的了解。因为小程序作为MVP最小可行性产品的一种，是比较不错的技术选型。产品经理了解微信小程序，将有助于更好地设计产品及决定产品形态，以及知道小程序目前支持哪些功能的实现及应用方向。

② 对于后端开发人员，学习微信小程序开发，将有助于快速实现自己的想法，让想法能真正落地，不至于苦于无法呈现。或者做出一个属于自己的产品，并基于微信小程序的优势，可以比较快速地传播，并有可能获得持续的（小程序广告等收入）转化获利。

综上所述，学习微信小程序开发，无论是求职加薪，还是提升岗位技能或专业水平，抑或者是将自己的想法“得以问世”，都有极大的帮助。

（5）学会微信小程序等于是同时掌握了目前主流的几大小程序的开发

对于这一点，应该是我们最关心的——学习能否举一反三、效果最大化。为了让大家能更清晰、直观地理解我说的意思，请看图1.3~图1.5所示。

图1.3　微信小程序开发文档－全局配置

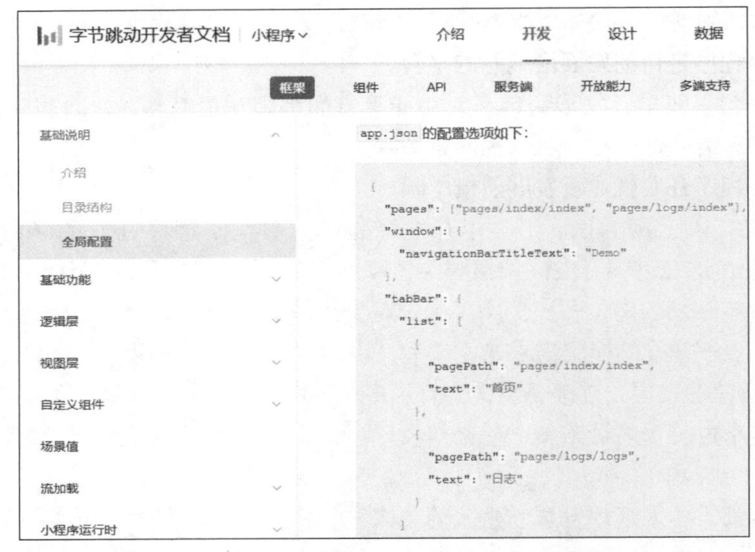

图1.4　字节跳动（头条）小程序开发文档-全局配置

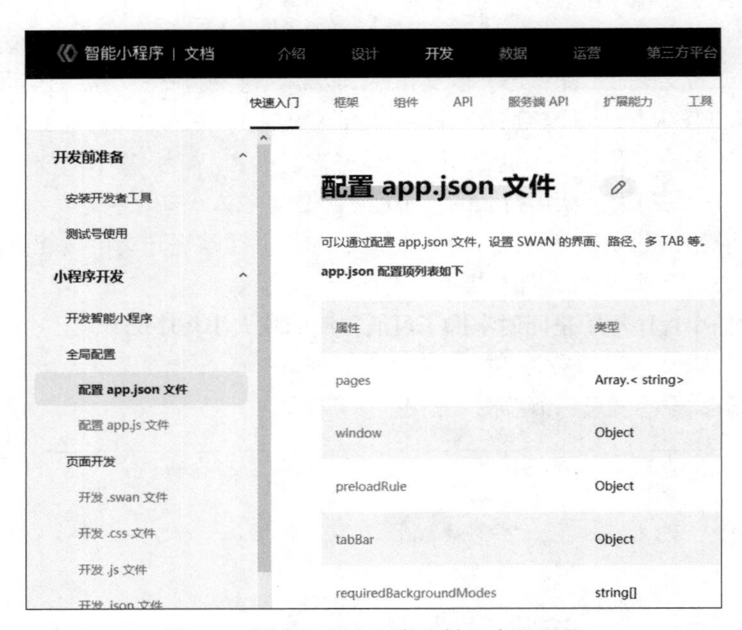

图1.5　百度小程序开发文档-全局配置

以上分别是微信小程序、（字节跳动）头条小程序和百度小程序，官方开发文档中关于“全局配置”的说明截图。相信你不难看出，它们几乎一模一样。而实际上，头条小程序和百度小程序，包括支付宝小程序，它们都是模仿或借鉴微信小程序的开发规范，80%以上的组件和API命名及用法都一致。

这样模仿、照搬，我们可能难免有些想吐槽，但对开发者而言，降低了我们的学习成本。对我们实现一套代码多端复用，也提供了便利。比如在年前，我只用了几分钟的时间，稍做改动就将高清壁纸推荐微信小程序，转换成可正常运行的百度小程序。

所以，为什么要学习微信小程序开发？用一句话回答就是：因为它是一种当下热门且是未来上升趋势的编程技术。

1.3　小程序开发前需要做哪些准备

在开始微信小程序开发之前，我们需要做以下准备工作。

1. 注册小程序账号

在浏览器中打开链接，进入微信公众平台首页，如图1.6所示。单击页面右上角“立即注册”，即可进入注册账号类型选择页面，如图1.7所示。单击“小程序”，进入小程序注册信息填写页面，如图1.8所示，填写账号信息、完成邮箱激活和信息登记，即可开通小程序账号。

图1.6　微信公众平台首页

图1.7　注册账号类型选择页面

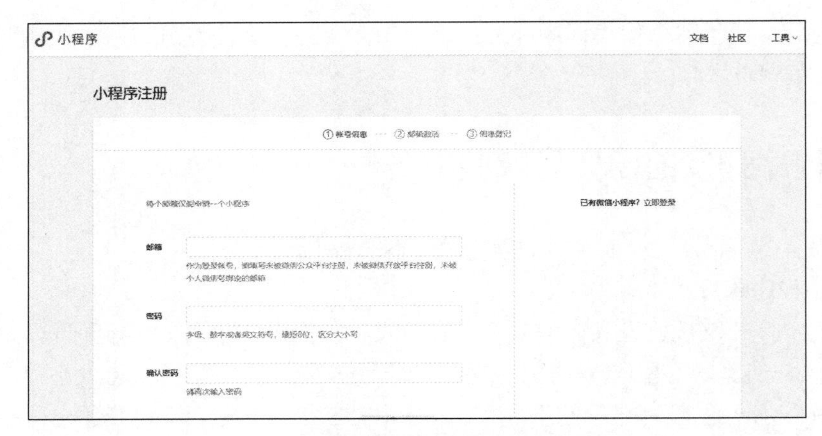

图1.8　小程序注册页面

使用开通的小程序账号，登录微信公众平台，即可查看小程序的AppID，设置并查看AppSecret，以及服务器域名等配置。

2．安装开发工具

在百度中搜索“微信小程序开发工具”，或直接在浏览器中打开链接，进入小程序下载页面，如图1.9所示。从稳定版Stable Build中，根据使用的计算机系统类型，选择Windows（根据处理器类型，选择64位或32位）或macOS版本的开发工具安装文件。下载后，执行安装文件，根据操作提示，即可完成开发工具的安装。

图1.9　小程序开发工具下载页面

1.4　小程序开发工具常用操作说明

准备工作已完成，接下来就开始微信小程序项目的创建及开发。为了让小程序开发初学者，能更快地上手小程序开发工具，了解其常用的操作。下面将对小程序开发工具，一些常用操作进行逐一讲解。

1．新建小程序项目

打开微信小程序开发工具，进入如图1.10所示的界面，单击图中空白长方形框线区域的加号，即可进入“新建小程序项目”界面，如图1.11所示。

图1.10　小程序开发工具首页

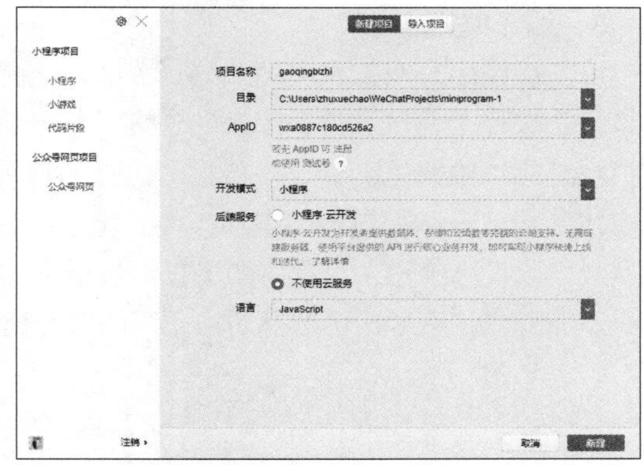

图1.11　小程序开发工具－新建项目

在图1.11中，填写项目名称和小程序App ID，选择项目保存目录，后端服务根据你想采用的开发方式或类型，选择小程序云开发或不使用云服务，单击右下角“新建”按钮，即可新建小程序项目。

2．模拟器

如图1.12所示，在模拟器窗口中，单击左上角的机型，会显示机型选择菜单，可切换iPhone X、iPhone 12等不同分辨率的机型（因微信小程序官方开发文档中，推荐以iPhone 6分辨率作为小程序开发设计稿的尺寸，所以默认和推荐以iPhone 6作为模拟器机型）。这个可以很方便地查看，小程序在不同机型下，比较接近真机的展示效果，以及做不同设备适配的测试。单击右下方的眼睛图标，即可自动生成以当前页面为起始页的预览二维码，可以便捷地在真机上预览指定的页面效果。

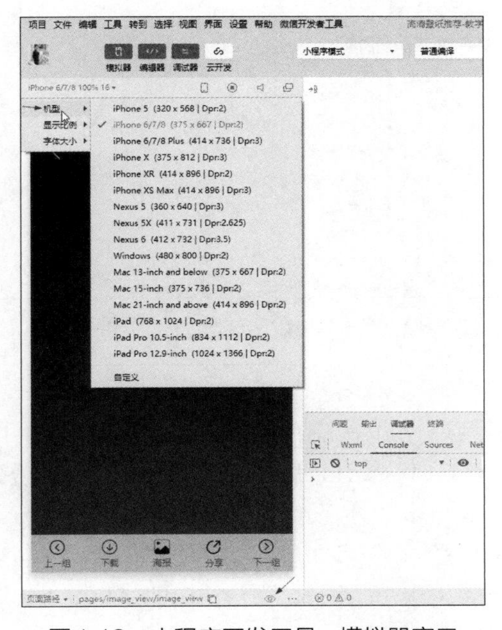

图1.12　小程序开发工具－模拟器窗口

3. 编译模式

单击小程序开发工具中的“编译模式”选择框，显示如图1.13所示的下拉菜单。默认为普通编译，选择“通过二维码编译”选项，从计算机中选择一张小程序二维码图片，即可实现模拟扫小程序二维码的测试，一般用于测试邀请等带参数的小程序二维码。也可以选择“添加编译模式”选项，添加自定义编译条件：上传小程序二维码、设置模式名称、设置启动页面路径和参数，以及选中进入小程序的场景（包括小程序模板消息、小程序分享卡片等），如图1.14所示。添加完成，后续即可选择切换不同的编译模式，编译小程序。

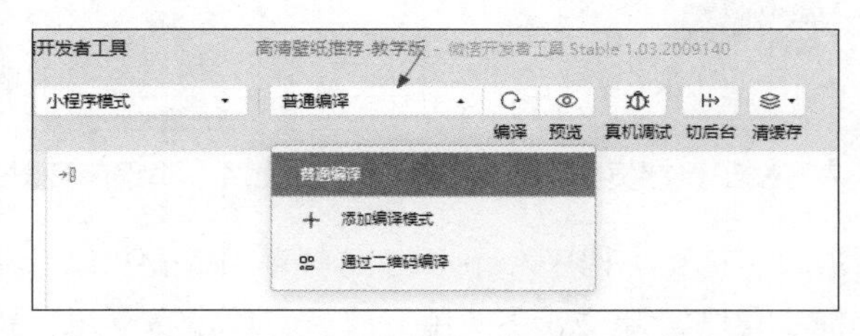

图1.13 “编译模式”选择菜单

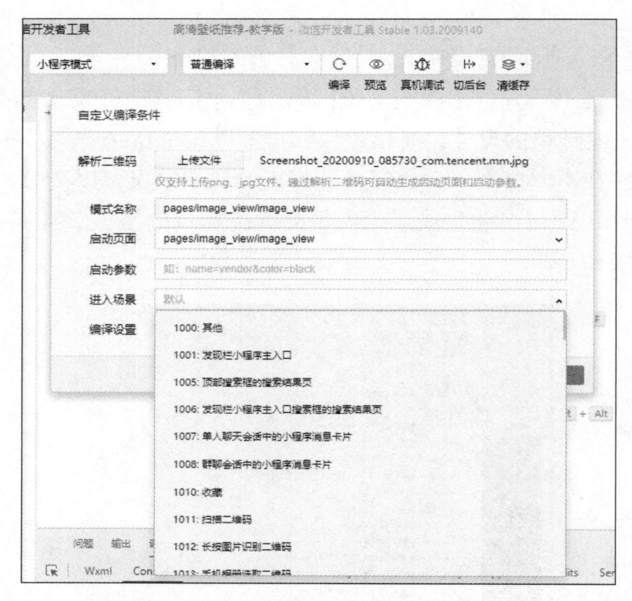

图1.14 “编译模式”添加自定义编译条件

4. 编译

单击小程序开发工具工具栏“编译”功能菜单，可（重新）编译小程序项目代码。默认新增或修改任意文件保存后，都会自动编译。编译完成后，会在模拟器窗口显示小程序界面。

5. 预览

单击小程序开发工具工具栏“预览”功能菜单，会自动编译代码并上传，最后生成小程序预览二维码，登录有开发者权限的微信账号，微信扫码即可预览小程序，如图1.15所示。

在图1.15中，除了手动二维码预览，也支持自动预览，并可选择是启动手机端还是PC端自动预览，可以很方便地满足我们开发及测试需要，如图1.16所示。

图1.15　小程序预览二维码

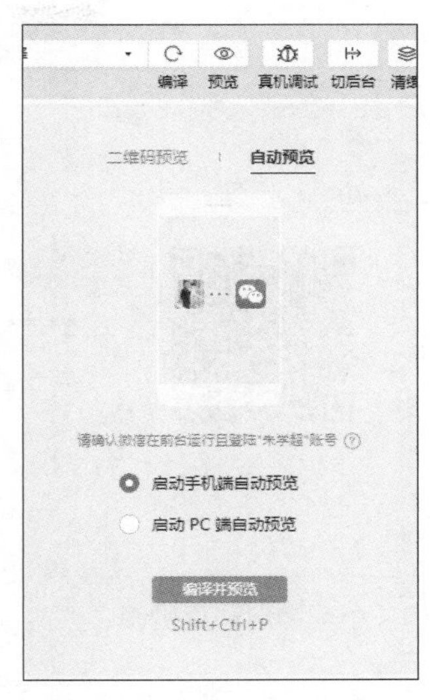

图1.16　小程序自动预览

6．真机调试

单击小程序开发工具工具栏“真机调试”功能菜单，与“预览”功能菜单一样，会自动编译代码并上传，最后生成小程序（调试）预览二维码，也可以切换为自动真机调试。扫描二维码，即可启动真机调试，开发工具会启动调试进程，并显示真机调试的窗口，如图1.17所示。

真机调试窗口与开发工具中的调试器窗口一样，可以很方便地查看Wxml布局、Console输出、Network网络、Storage缓存等信息，如图1.18所示。真机调试是一个很实用的功能，不仅可以方便开发者自己在真机上做调试，还可以实现远程调试。例如，有客户或用户反馈，在他（她）的手机上，小程序某个页面显示错乱或某个功能无法正常使用，而你及身边又没有与他（她）相同型号的手机，且你初步判断这个问题是与设备适配有关。

这时，你可以将他（她）设置为开发者身份（只是用于临时调试这一问题），在开发工具上单击“真机调试”功能菜单，生成小程序调试二维码，再将此二维码发给他（她），让他（她）扫码并进入小程序，打开出错的页面或单击无法正常使用的功能按钮，这样即可实现远程调试，省去了需要寻找同类型的设备等不必要的麻烦。

7．清理缓存

单击小程序开发工具工具栏“清缓存”功能菜单，会显示下拉菜单，可以选择清除数据缓存、清除文件缓存、清除授权数据、清除登录状态和全部清除等，如图1.19所示。其中，比较常用的是“清除数据缓存”（可清除存储在本地的缓存数据）和“清除授权数据”（可清除已授权的权限数据，比如，保存文件到相册、获取用户信息、获取当前位置等），当然也可以直接使用“全部清除”。清理缓存，便于我们做相应的功能测试，是小程序开发中使用频率较高的功能。

8．上传

单击小程序开发工具工具栏“上传”功能菜单，可将本地开发好的小程序代码，打包上传到微信小程序服务器端，上传时需填写版本号，如图1.20所示。之后登录微信小程序公众平台，可将上传的小程序版本，设置为体验版，或直接提交审核。

图1.17　小程序自动真机调试预览

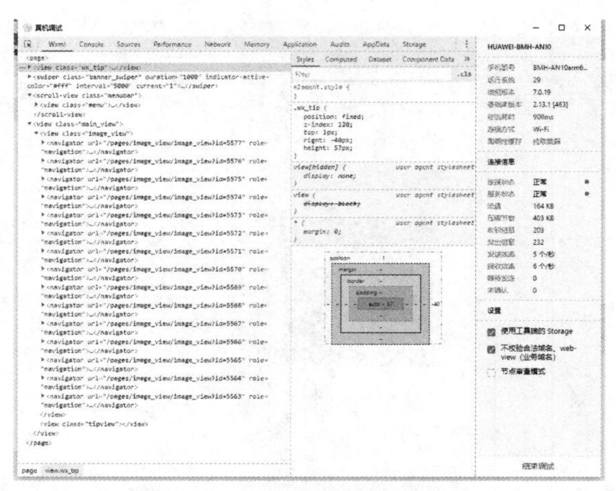

图1.18　小程序真机调试界面

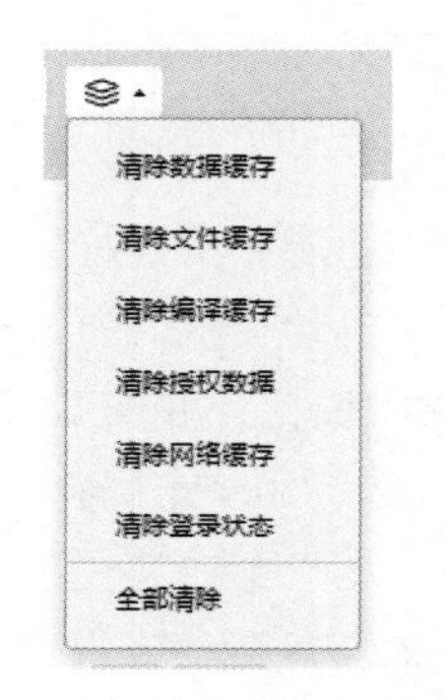

图1.19　小程序清缓存

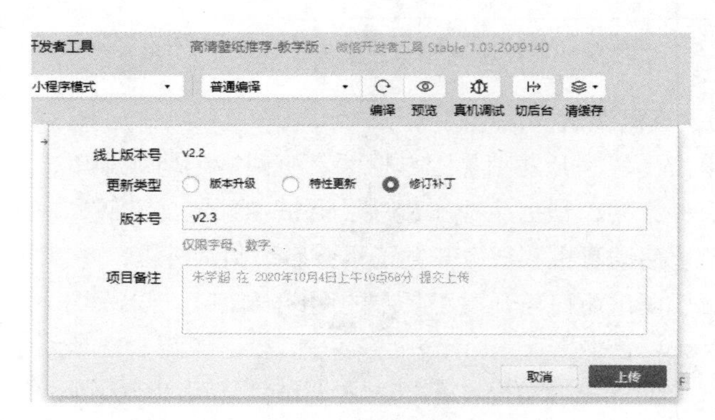

图1.20　小程序代码上传

9．版本管理

单击小程序开发工具工具栏“版本管理”功能菜单，可进行代码仓库git的配置及管理。对于代码版本管理，推荐使用SourceTree，相比更方便，功能也更强大。

10．详情

单击小程序开发工具工具栏“详情”功能菜单，可查看当前小程序项目的基本信息、本地设置和项目配置，并可以进行相关配置的修改。下面分别介绍如下：

如图1.21所示，可查看项目的基本信息：项目名称、发布状态、APPID、本地目录、本地代码、上次上传等。其中，项目名称和APPID可以在这里直接修改。

如图1.22所示，可查看项目本地设置信息：调试基础库、是否自动运行体验评分、是否上传代码时样式自动补全、是否不校验合法域名（包括web-view业务域名、TLS版本以及HTTPS证书）。

其中，调试基础库和是否不校验合法域名是比较常用的设置。切换不同的调试基础库，可测试某些功能或接口调用，能否正常执行。比如，某些接口只在指定及以上版本才可正常调用，所以需要做低版本基础库的兼容测试。是否不校验合法域名，在本地开发环境中，一般都勾选设置为是。这样即可用ip或测试域名获取数据、下载图片等操作，而不需要在微信小程序公众平台里进行服务器域名或业务域名等配置。

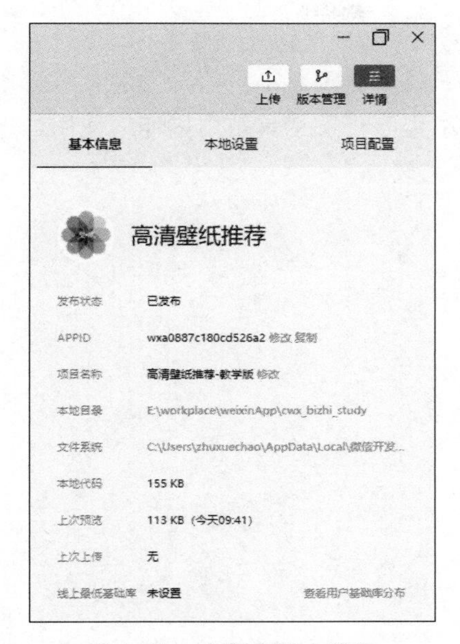

图 1.21　小程序基本信息

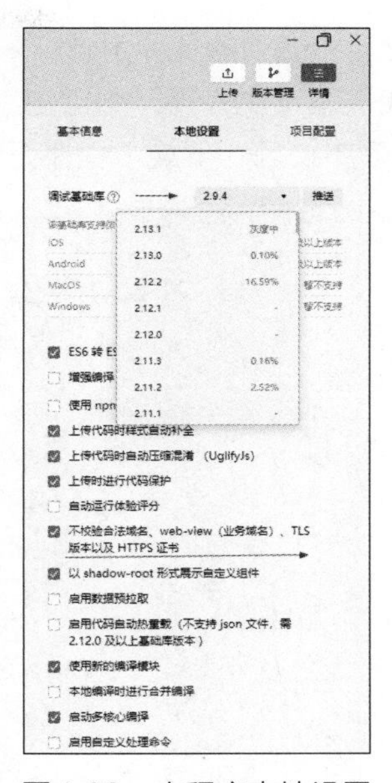

图 1.22　小程序本地设置

如图 1.23 所示，可查看当前项目在微信小程序公众平台里的域名配置信息，以便于我们核对或确认域名是否已配置，或者检查当前请求的域名是否在合法域名中。

图 1.23　小程序项目配置

1.5　本章小结

本章围绕微信小程序介绍、学习小程序开发的必要性、小程序开发前准备和小程序开发工具的使用，分别进行了比较详细的讲解。学习一门编程语言或技术，了解它是什么以及为什么要学习，这是很有必要且关键的。特别是只有弄清楚为什么要学习，我们才有可能坚持学下去，并克服学习中遇到的各种困难。

当我们下定决心要开始微信小程序的开发学习时，就要弄清楚小程序开发前要做哪些准备（注册小程序账号、下载小程序开发工具），然后了解小程序开发工具常用操作的使用，这样就可以开始小程序开发。

第2章 图片工具：高清壁纸推荐

图片工具的小程序，比较常见的有：头像小程序、表情小程序、壁纸小程序。它们有一个共同特点，图片列表和图片浏览。本章将以高清壁纸推荐小程序案例，一个高清手机壁纸推荐小程序系统，将所有页面和功能做具体实现讲解。这是本书中唯一的全案解析案例，希望能让大家更详细、更好地学习小程序开发。

学习思维导图

学习目标	项目框架 项目配置 首页：轮播图、分类搜索栏和列表分页加载 壁纸详情页：图片全屏显示及毛玻璃效果，页面功能实现 关键功能解析：微信登录 关键功能解析：订阅消息
重点知识	项目配置及框架 轮播图实现 分类搜索导航栏及吸顶效果实现 列表分页加载 图片全屏显示 激励视频广告的应用及开发 button组件的高级用法：自定义分享按钮 图片下载和预览 微信登录 订阅消息
关键词	轮播图、微信登录、订阅消息、激励视频广告、图片下载和预览、wx.getUserInfo、wx.login、wx.request、wx.requestSubscribeMessage

2.1 案例介绍（手机高清壁纸在线浏览和下载）

高清壁纸推荐是一个手机高清壁纸在线浏览和下载的小程序系统。精选各种高清壁纸，包括明星壁纸、美女壁纸、苹果壁纸、节日壁纸、风景壁纸、美食壁纸和动漫壁纸等。用户可以浏览壁纸套图，观看激励视频广告，可以下载壁纸和浏览“需解锁”的壁纸，是一款方便、实用的壁纸应用。主要界面如图2.1和图2.2所示。

图2.1　首页

图2.2　壁纸详情页

2.2　构建项目框架

为什么需要构建项目框架？有以下几点原因。

- 通过构建项目框架，可以提升自己的编程水平，并提升开发效率。
- 让项目（文件和代码）结构更稳定，提高代码可读性。熟悉框架后，即可快速了解其他使用同框架的项目。
- 提高代码的复用性，相同功能，无须重复开发；相似功能，只需略做修改即可。
- 目录、文件和代码更清晰，便于维护。
- 代码封装（高内聚）：按不同的功能或应用进行代码封装，方便在需要的时候直接调用相关函数，而无须关注内部实现。

应该如何构建项目框架呢？对于这个问题，很难说清楚，但可以肯定的是：项目框架不是一蹴而就，而是在使用中不断优化（性能、修改问题）、完善（功能）和打磨（去掉已过时的，或直接推翻重写）；它没有完结的标准，因为它同软件一样，需要不断地更新、迭代，以确保趋于成熟、稳定，符合最新的开发标准，并能满足新的开发技术需求。

本节要讲的案例，高清壁纸推荐小程序的项目框架，是在微信小程序官方小程序示例（源码的项目框架），并在实际项目开发中不断优化、打磨的。框架核心主要是按公共函数、网络请求、本地缓存、工具和小程序API，进行相关的代码和函数的封装，以便于调用其中的函数快速完成业务逻辑。项目框架目录，如图2.3所示。

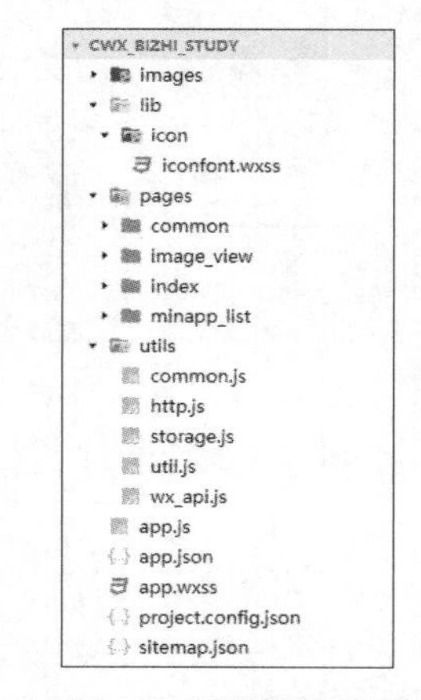

图2.3　项目框架目录

各关键目录和文件说明如表2.1所示。

表2.1　项目主要目录和文件说明

属性	类型	默认值
images	/images	小程序本地图片资源目录，存放当前小程序项目各个页面，所需用到的图片
lib	/lib	字体库等引用文件存放目录
pages	/pages	小程序页面存放目录；目录一般以pages命名，也是微信小程序官方框架推荐使用的目录名。目录名称可以自定义，比如，contents、views等。但不建议这样，因为编码尽量遵循统一规范，能有效提高项目及代码的可读性
utils	/utils	小程序工具或公共代码文件目录，一般存放：md5加密、html富文本解析、多个页面公用代码等；此目录为自定义目录，非必须
common.js	/utils/common.js	公共函数类，如时间日期处理、手机号码格式验证、过滤字符串两端空格、获取当前时间戳等
http.js	/utils/http.js	网络请求类，如发起网络请求、上传文件到服务器端等
storage.js	/utils/storage.js	本地缓存管理类，方便对小程序项目中的缓存进行统一存取，如登录状态信息、用户信息、壁纸图片解锁信息等
util.js	/utils/util.js	工具类，各页面公用函数，是将一些共同业务处理的代码进一步地封装，如图片下载、接口请求等
wx_api.js	/utils/wx_api.js	小程序API代码类，封装一些小程序常用API等代码，方便在页面中等代码中调用，快速、简洁完成相关功能，如微信登录、获取用户当前坐标、下载服务器端文件并保存到本地(相册)、打开授权设置、预览图片等
app.js	/app.js	小程序主逻辑代码文件，类似于C语言中的main()函数，是小程序项目中首先会被执行的代码文件，无论从哪个页面进入。比如，点击分享的壁纸详情小程序卡片，会先执行这个文件，然后执行页面代码。此文件为项目必需，且文件名不可自定义
app.json	/app.json	小程序项目公共配置，如：tab导航菜单、页面路由、页面导航栏样式，此文件具体会在“2.3　项目配置”中具体说明。此文件为项目必须，且文件名不可自定义
app.wxss	/app.wxss	小程序公共样式表，全局样式，可在所有页面中方便使用
project.config.json	/project.config.json	项目（开发）配置文件，创建小程序项目时自动生成，一般无须手动修改，可忽略。文件内容包括不效验合法域名、上传时进行代码保护、调试基础库等
sitemap.json	/sitemap.json	小程序项目站点地图，用来配置小程序及其页面是否允许被微信索引。与网站站点地图一样，用于配置爬虫爬取规则，比如，限定某些页面不允许爬取等。此文件创建小程序项目时自动生成，一般无须手动修改，可忽略

表2.1中，utils目录下是按不同功能或需要进行的代码封装，这样能最大程度上减少项目中的重复代码，并能提高代码可读性和易于维护；这也是我在开发微信小程序项目中，不断地完善属于自己的“开发框架”，在后面的章节案例中都有使用。需要注意的是，在微信小程序中，

代码（类）文件不能相互引用，否则会编译报错，比如，如果util.js文件引用了common.js文件，则在common.js文件中不能引用util.js文件。

2.3 对小程序进行项目配置

在小程序开发之前，我们需要进行小程序项目配置，比如，页面路径、tab导航菜单、窗口样式等。进入小程序项目根目录app.json文件，进行如下配置。

```
{
  /*小程序默认启动页路径*/
  "entryPagePath": "pages/index/index",
  /*小程序页面路径列表，一般所有页面都需在这里配置*/
  "pages": [
    "pages/index/index",
    "pages/minapp_list/minapp_list",
    "pages/image_view/image_view"
  ],
  /*全局的默认窗口样式：导航栏、窗口背景色等*/
  "window": {
   /*下拉 loading 的样式，仅支持 dark / light*/
    "backgroundTextStyle": "light",
   /*导航栏背景颜色*/
    "navigationBarBackgroundColor": "#fff",
   /*导航栏标题文字内容*/
    "navigationBarTitleText": "高清壁纸推荐",
   /*导航栏标题颜色，仅支持 black / white*/
    "navigationBarTextStyle": "black"
  },
  /*底部tab导航菜单栏的设置*/
  "tabBar": {
   /*tab菜单的文字默认颜色*/
    "color": "#666666",
   /*tab菜单的文字选中时颜色*/
    "selectedColor": "#000",
   /*tabbar上边框的颜色，仅支持 black / white*/
    "borderStyle": "white",
   /*底部tab导航菜单栏的设置*/
    "backgroundColor": "#ffffff",
   /*tab菜单列表：最少2个、最多5个tab菜单*/
    "list": [
      {
          /*页面路径*/
        "pagePath": "pages/index/index",
          /*图片路径，icon 大小限制为 40kb，建议尺寸为 81px * 81px，不支持网络图片*/
        "iconPath": "images/icon_home.png",
          /*选中时的图片路径，icon 大小限制为 40kb，建议尺寸为 81px * 81px，不支持
网络图片*/
        "selectedIconPath": "images/icon_home_on.png",
          /*tab菜单文字*/
```

```
          "text": "精选"
        },
        {
          "pagePath": "pages/minapp_list/minapp_list",
          "iconPath": "images/tab-my-on.png",
          "selectedIconPath": "images/tab-my-active.png",
          "text": "发现"
        }
      ]
    },
    /*网络超时时间配置*/
    "networkTimeout": {
     /*设置网络请求（wx.request）的超时时间，单位：毫秒*/
      "request": 20000
    },
    /*是否开启 debug 模式*/
    "debug": false,
    /*指明 sitemap.json 的位置*/
    "sitemapLocation": "sitemap.json"
}
```

配置代码如上，需重点说明的如下：

（1）entryPagePath：指定小程序的默认启动路径（首页），常见进入场景是从微信聊天列表页下拉启动、小程序列表启动、扫描小程序二维码启动等。非必须设置属性，如果不设置或为空，则默认为pages列表的第一项。

（2）pages：用于指定小程序由哪些页面组成，每一项都对应一个页面的路径（含文件名）信息。文件名不需要写文件扩展名，框架会自动去寻找对应位置的.json、.js、.wxml和.wxss 4个文件进行编译执行。当小程序中新增或减少页面时，都需要对pages数组进行修改。

（3）tabBar：如果小程序是一个多tab应用（客户端窗口的底部或顶部有tab栏可以切换页面），可通过tabBar配置项指定tab栏的表现，以及tab切换时显示的对应页面。其中，list属性接受一个数组，只能配置最少2个、最多5个tab。tab按数组的顺序排序显示，每个项都是一个对象，其pagePath页面路径，必须在pages中定义（出现）。

2.4　小程序首页开发

本节将讲解高清壁纸推荐小程序首页的开发，功能点包括“添加小程序”动画提示、图片轮播图、分类搜索导航栏及吸顶和列表分页加载。在高清壁纸推荐小程序首页，主要讲解“添加小程序”动画提示、图片轮播图、分类搜索导航栏及吸顶和列表分页加载等功能的实现。下面，先看首页的功能说明。

2.4.1　功能说明

打开高清壁纸推荐小程序，默认会进入首页，在页面右上方，会显示“添加小程序”的动画提示。页面从上到下依次显示：图片轮播图、壁纸分类导航栏、壁纸图片列表。其中，壁纸分类导航栏可以横向滑动、点击切换，加载对应分类的壁纸列表，并且向上滑动页面到底，会自动分页加载列表数据。

2.4.2 “添加小程序”动画提示

为了让用户能尽可能多地使用小程序，也算是沉淀用户，现在很多小程序中，都有引导用户“添加到我的小程序”的操作提示，而且大多都是有动画效果的。在高清壁纸推荐小程序首页，用户每次进入，都会在页面右上方显示“添加小程序”的动画提示。

怎样实现这样的关注提示功能呢？首先，进入pages/index/index.wxml文件中，编写布局代码如下。

```
<!-- “添加小程序”的动画提示 -->
<view hidden='{{isWebChatTipsHidden}}' class='wx_tip'>
  <image src="/images/tip_ios.svg"></image>
</view>
```

布局代码很简单，主要是通过样式实现图片“心跳”的动画效果。其次，进入pages/index/index.wxss文件中，编写样式代码如下。

```
/* "添加小程序"的动画提示容器样式 */
.wx_tip {
  position: fixed;/* 固定、停靠定位 */
  z-index: 120;/* 垂直方向层级,数字越大越靠前 */
  top: 4rpx;/* 距离顶部位置 */
  right: -40px;/* 距离右侧位置 */
  height: 120rpx;
}
/* "添加小程序"的动画提示图片样式 */
.wx_tip image {
  height: 100%;
  animation: heart 1.3s ease-in-out 2.7s infinite alternate;
  /* 动画名称 动画完成一个周期所花费的秒或毫秒 动画的速度曲线 动画何时开始（延迟开始时间）动画被播放的次数 动画是否在下一周期逆向地播放 */
}

/* 定义"心跳"动画 */
@keyframes heart {
  /* 开始位置 */
  from {
    transform: translate(0, 0);
  }
  /* 结束位置 */
  to {
    transform: translate(0, 6px);
  }
}
```

在上述代码中，关键点在于动画（animation）样式的使用。虽然微信小程序可以直接通过逻辑代码实现相同的动画效果，但出于便捷和灵活性考虑，建议还是通过样式代码来实现。

关于动画（animation）样式，有很多相关属性和知识点，这里不可能全部讲解，也不是本章的重点。下面只针对最常用和核心的animation的属性及用法做具体讲解。animation语法如下。

```
animation: name duration timing-function delay iteration-count direction;
```

各参数值说明如表2.2所示。

表2.2　animation样式参数值说明

属性	类型
animation-name	规定需要绑定到选择器的 keyframe 名称
animation-duration	规定完成动画所花费的时间，以秒或毫秒计
animation-timing-function	规定动画的速度曲线
animation-delay	规定在动画开始之前的延迟
animation-iteration-count	规定动画应该播放的次数
animation-direction	规定是否应该轮流反向播放动画

其中，animation-timing-function、animation-iteration-count和animation-direction参数的可选值如表2.3~表2.5所示。

表2.3　animation-timing-function参数的可选值

属性	类型
linear	动画从头到尾的速度是相同的
ease	默认。动画以低速开始，然后加快，在结束前变慢
ease-in	动画以低速开始
ease-out	动画以低速结束
ease-in-out	动画以低速开始和结束
cubic-bezier(n,n,n,n)	在 cubic-bezier 函数中自己的值。可能的值是从 0 到 1 的数值

表2.4　animation-iteration-count参数的可选值

属性	类型
n	定义动画播放次数的数值
infinite	规定动画应该无限次播放

表2.5　animation-direction参数的可选值

属性	类型
normal	默认值。动画应该正常播放
alternate	动画应该轮流反向播放

最后，需要在逻辑代码中，通过定时器控制“添加小程序”的动画提示，显示8秒后自动（隐藏）消失。进入pages/index/index.js文件中，编写相关代码如下。

```
Page({
  data: {
    /**
     * "添加小程序"的动画提示是否隐藏，默认: false，显示
     */
    isWebChatTipsHidden: false
  },
  onLoad: function (option) {
    //开启定时器: 8秒后隐藏"添加小程序"的动画提示
    setTimeout(()=>{
      //更新页面数据
      this.setData({
        isWebChatTipsHidden: true
      });
    },8000);
  }
});
```

2.4.3 轮播图

轮播图在微信小程序中，可以通过swiper组件很方便地实现。首先，进入pages/index/index.wxml文件中，编写布局代码如下。

```
<!-- 图片轮播图 -->
<swiper class='banner_swiper' indicator-dots="{{indicatorDots}}"
indicator-active-color="#fff" autoplay="{{autoplay}}" interval="{{interval}}"
duration="{{duration}}">
  <!-- 遍历轮播图列表 -->
  <block wx:for="{{banner_list}}" wx:for-item="item" wx:key="id">
    <swiper-item>
       <image bindtap='ev_banner' data-index="{{index}}" src="{{item.
image}}" class="slide-image" />
    </swiper-item>
  </block>
</swiper>
```

关于swiper组件的使用及常用属性介绍，在第6章具体讲解，这里就不再赘述。

其次，进入pages/index/index.wxss文件中，编写样式代码如下。

```
/* 图片轮播图容器样式 */
.banner_swiper {
  height: 270rpx;
}
/* 轮播图片样式 */
.banner_swiper .slide-image {
  width: 100%;
  height: 100%;
}
```

最后，进入pages/index/index.js文件中，编写相关逻辑代码如下。

```
//获取应用实例
const app = getApp();
```

```
const util = require('../../utils/util.js');
const wx_api = require('../../utils/wx_api.js');
const http = require('../../utils/http.js');

Page({
  data: {
    /**
     * 轮播banner：是否显示面板指示点
     */
    indicatorDots: true,
    /**
     * 轮播banner：是否自动切换播放
     */
    autoplay: true,
    /**
     * 轮播banner：自动切换时间间隔（单位：毫秒）
     */
    interval: 5000,
    /**
     * 轮播banner：滑动动画时长（单位：毫秒）
     */
    duration: 1000,

    /**
     * 轮播banner列表
     */
    banner_list: []
  },
  /**
   * 轮播图点击事件
   */
  ev_banner: function (e) {
    //获取当前点击组件的自定义数据：列表索引
    let index = e.currentTarget.dataset.index;
    //获取当前点击的banner信息
    let item = this.data.banner_list[index];
    //如果banner类型为：仅展示，则跳出此函数
    if (!item.type){
      return;
    }
    //如果appid信息不为空，则表示为：跳转外部小程序
    if (item.appid){
      //打开指定的小程序
      wx.navigateToMiniProgram({
        appId: item.appid,
        path: item.url,
        fail(res) {
          // 打开失败
          wx_api.showToast("小程序打开失败，请检查是否已配置");
        }
      });
```

```
        } else if (item.url){
          //如果url（小程序页面路径）不为空，则表示为：小程序内部跳转
          //跳转到小程序内指定页面
          wx.navigateTo({
            url: item.url
          });
        }
      },
      /**
       * 页面加载事件
       */
      onLoad: function (option) {
        app.log("onLoad");
        //获取分类和banner图
        var that = this;
        util.getIndexApiResult('index/banner_cats', null, (res) => {
          let data = res.data;
          //获取壁纸图片分类
          let image_cat = data.image_cat;
          //更新页面数据
          that.setData({
            cate_list: image_cat,
            banner_list: data.banner
          });
        });
      }
    });
```

2.4.4 分类搜索导航栏及吸顶

分类搜索导航栏，需要实现的是壁纸分类可以横向滑动，点击分类搜索对应分类的壁纸图片；当页面向下滚动到分类搜索导航栏时，此导航栏需停靠在页面顶部，显示吸顶效果，而当页面向上滚动到分类搜索导航栏时，此导航栏恢复原位（在第6章中有类似的吸顶功能实现讲解）。

提到横向滑动，很自然想到用scroll-view组件实现（scroll-view组件的用法，在后面多个章节中都有讲解）。首先，进入pages/index/index.wxml文件中，编写布局代码如下。

```
    <!-- 分类导航栏 -->
    <scroll-view scroll-x="{{true}}" class="menubar {{cat_is_fixed?'fixed':''}}">
      <view class="menu">
        <!-- 遍历壁纸分类列表 -->
        <block wx:for="{{cate_list}}" wx:key="id">
          <!-- 分类显示，如果分类id等于当前选中壁纸分类id，则显示选中状态（添加active样式）-->
            <text class="{{item.id==curr_cate_id?'active':''}}" bindtap="ev_cat_search" data-id="{{item.id}}" data-index="{{index}}">{{item.name}}</text>
        </block>
      </view>
    </scroll-view>
```

其次，进入pages/index/index.wxss文件中，编写样式代码如下：

```
/* 分类导航栏容器样式 */
.menubar {
  height: 82rpx;
  white-space: nowrap;/* 文本不会换行 */
  display: flex;/* flex布局 */
}
/* 分类导航栏吸顶样式 */
.menubar.fixed {
  position: fixed;/* 固定、停靠定位 */
  top: 0px;/* 距离顶部位置 */
  z-index: 100;/* 垂直方向层级,数字越大越靠前 */
  border-top: 2rpx solid rgb(226, 226, 226);/* 上边框样式 */
}
/* 分类导航栏菜单样式 */
.menu {
  width: 100%;
  height: 82rpx;
  line-height: 82rpx;/* 行高 */
}
/* 分类导航栏菜单文本样式 */
.menu text {
  background-color: #fff;
  display: inline-block;/* 行内块元素 */
  width: 138rpx;
  font-size: 28rrpx;
  color: rgb(153, 153, 153);
  height: 100%;
  text-align: center;
  box-sizing: border-box;
  border-bottom: 2rpx solid rgb(226, 226, 226);/* 下边框样式 */
}
/* 分类导航栏菜单选中文本样式 */
.menu text.active {
  color: rgb(35, 158, 254);
}
```

在上述代码中，吸顶样式（.fixed）的关键在于使用fixed定位（position: fixed;），以此实现固定停靠在页面顶部显示。

最后，进入pages/index/index.js文件中，编写相关的逻辑代码如下。

```
Page({
  data: {
    /**
     * 分类导航栏是否是"吸顶"效果
     */
    cat_is_fixed: false,
    /**
     * 壁纸分类列表
     */
```

```
        cate_list:[],
        /**
         * 当前选中壁纸分类id,默认: -1
         */
        curr_cate_id:-1
    },
    /**
     * 页面滚动触发事件
     * @param {*} e
     */
    onPageScroll: function (e) {
        //获取分类导航栏是否是"吸顶"效果
        let cat_is_fixed = this.data.cat_is_fixed;
        //如果页面滑动高度大于等于135(分类导航栏默认距离顶部的高度,此高度值是在开发模拟器下获取测算的偷懒做法,不推荐; 在"第6章 企业门户: 哎咆科技"中标准实现方式)
        if (e.scrollTop >= 135) {
            //显示"吸顶"效果
            !cat_is_fixed && this.setData({
                cat_is_fixed: true
            });
        } else {
            //取消"吸顶"效果,还原分类导航栏默认显示
            cat_is_fixed && this.setData({
                cat_is_fixed: false
            });
        }
    },
    /**
     * 分类(点击)搜索事件
     * @param {*} e
     */
    ev_cat_search: function (e) {
        //获取当前点击分类菜单的自定义数据: 分类id
        let cate_id = e.currentTarget.dataset.id;
        //更新页面数据: 当前选中壁纸分类id
        this.setData({
            curr_cate_id: cate_id
        });
        //请求数据接口,加载壁纸列表
        this.default_load();
    }
});
```

在上述代码中，通过onPageScroll页面滚动事件，获取当前页面滚动高度，与分类搜索导航栏（默认）距离页面顶部的高度做比较，进行吸顶效果的切换效果。所以，吸顶效果实现并不复杂，通过几行样式和逻辑代码即可搞定。

2.4.5 列表分页加载

首先，进入pages/index/index.wxml文件中，编写布局代码如下：

```
<!-- 壁纸图片列表 -->
<view class="main_view">
  <!-- 引入图片列表模板文件 -->
  <include src="../common/image_list.wxml" />
</view>
```

在上述代码中，你会发现很简洁，列表显示是通过引入图片列表模板文件实现的。为什么呢？因为在高清壁纸推荐小程序中，除了首页外，还有分类和标签壁纸列表页（因为这两个页面与首页很相似，所以在本案例讲解中就去掉了），都有一样的壁纸列表展示，所以为了减少重复代码和方便后期维护，很有必要将壁纸列表展示的公共代码，封装到模板文件中，这样方便在不同的页面使用。

其次，进入pages/common/image_list.wxml文件中，编写壁纸列表展示的布局代码如下。

```
<!--壁纸列表展示模板-->
<view class='image_view'>
  <!-- 遍历壁纸列表数据 -->
  <block wx:for="{{list}}" wx:key="id">
    <navigator url="/pages/image_view/image_view?id={{item.id}}">
        <image webp="true" lazy-load="true" data-index='{{index}}'
src="{{item.cover_image}}"></image>
    </navigator>
  </block>
</view>
<!-- 列表加载提示，如果页面处于加载中，则显示，否则隐藏 -->
<view class="tipview" hidden="{{!loading}}">{{tip_message}}</view>
```

在上述代码中，image组件webp属性设置为true，用于支持解析webP格式的图片；lazy-load属性设置为true，用于实现图片加载，关于image组件更多使用介绍在第4章 信息查询：IOS降级查询案例中有详细讲解。

再次，进入pages/common/image_list.wxss文件中，编写壁纸列表展示的样式代码如下。

```
/**image_list.wxss**/
/* 壁纸列表容器样式定义 */
.image_view {
  width: 100%;
  display: flex;/* flex布局 */
  background-color: #fff;
  flex-direction: row;/* x轴方向为主轴 */
  flex-wrap: wrap;/* 主轴方向超出换行显示 */
}
/* 壁纸图片容器样式 */
.image_view navigator {
  margin-left: 6rpx;
  margin-bottom: 6rpx;
  width: 32.2%;/* 壁纸列表项显示宽度，相当于父容器的1/3 */
  height: 360rpx;
}
/* 壁纸图片样式 */
.image_view image {
  width: 100%;
```

```
    height: 100%;
    border-radius: 6rpx;
  }
```

这样就可以了吗？显然是不能，还需要进入pages/index/index.wxss文件中，导入图片列表样式，代码如下。

```
/* 导入图片列表样式 */
@import "../common/image_list.wxss";
```

最后，进入pages/index/index.js文件中，编写列表分页加载相关的逻辑代码如下。

```
//index.js
//获取应用实例
const app = getApp();
const util = require('../../utils/util.js');
const wx_api = require('../../utils/wx_api.js');
const http = require('../../utils/http.js');

Page({
  data: {
    /**
     * 当前选中壁纸分类id,默认: -1
     */
    curr_cate_id:-1,
    /**
     * 壁纸图片列表
     */
    list: [],
    /**
     * 列表是否数据（请求）加载中
     */
    loading: false,
    /**
     * 列表加载提示
     */
    tip_message: ''
  },
  /**
   * 页面加载事件
   */
  onLoad: function (option) {
    //调用默认数据加载函数
    this.default_load();
  },
  /**
   * 默认数据加载(获取第一页数据)
   */
  default_load: function () {
    //存放当前数据列表页码,便于分页使用（从0开始,每次获取数据之前页码加1）
    this.data_page = 0;
    //重置全局数据图片列表,在壁纸图片详情页需用
    app.globalData.image_list = [];
```

```
    //重置全局数据图片列表索引，在壁纸图片详情页需用
    app.globalData.image_index = 0;
    //标记所有数据是否已加载完毕：否
    this.load_over = false;
    //将数据列表清空
    this.data.list = [];
    //更新页面数据
    this.setData({
      loading: false,//列表是否数据（请求）加载中：否
      list: this.data.list
    });
    //调用加载数据函数，参数：是否是默认加载传true
    this.load_data(true);
  },
  /**
   * 页面上拉触底事件的处理函数
   */
  onReachBottom: function () {
    //触发列表分页，调用加载数据函数
    this.load_data();
  },
  /**
   * 更新数据列表
   */
  update_list: function (data) {
    //构造页面数据更新对象
    var v_data = {
      list: this.data.list.concat(data),//当前数据列表追加接口返回的列表数据
      tip_message: '',//加载提示清空
      loading: false //列表加载状态还原，隐藏加载提示
    };
    //更新页面数据
    this.setData(v_data);
  },
  /**
   * 加载数据
   * @param {*} is_default 是否是默认加载（获取第一页数据）
   */
  load_data: function (is_default) {
    //判断列表是否已加载完毕，是，则跳出函数
    if (this.load_over) {
      app.log("is load_over");
      return;
    }
    //判断列表是否数据（请求）加载中，是，则跳出函数，避免重复请求
    if (this.data.loading) {
      app.log("is loading");
      return;
    }
    //更新页面数据：显示加载中提示，并设置正在加载中
    this.setData({
```

```
          tip_message: http.loadingTip,
          loading: true
        });
        //分页页码加1
        this.data_page++;

        //定义变量：存放当前页面对象；避免this关键字，因在不同的对象作用域中，导致无法准确
获取到当前页面对象
        var that = this;
        //构造请求参数对象
         var query_data={ page: that.data_page, cat_id: that.data.curr_cate_
id, is_home:1 };
        //请求壁纸图片列表接口，获取列表数据
        util.getIndexApiResult('index/imagelist', query_data , (res) => {
          //如果返回结果失败或数据为空，则显示提示弹出框，并跳出此函数
          if (!res.result || !res.data) {
            wx_api.showModal_tip(wx_api.nodata_tip, that);
            return;
          }

          //获取图片列表数据
          var img_data = res.data;
          //判断图片列表长度是否大于0，是则表明已获取到数据
          if (img_data.length>0) {
            //将全局数据图片列表追加返回的图片列表数据，并重新赋值
           app.globalData.image_list = app.globalData.image_list.concat(img_data);
            //调用更新列表函数：更新列表数据
            this.update_list(img_data);
            return;
          }

          /**未获取到数据处理**/
          this.load_over = true;//标记所有数据已加载完毕
          //根据是否是默认加载，判断要显示的列表加载提示
          var tip_mes;
          if (is_default) {
            tip_mes = "暂未查询到相关壁纸";
          }
          else {
            tip_mes = "数据已加载完毕";
          }
          //更新页面数据：显示列表加载提示
          this.setData({
            tip_message: tip_mes
          });
          //开启定时器：3秒后隐藏加载提示
          setTimeout(function () {
            //更新页面数据
            that.setData({
              tip_message: "", //加载提示清空
              loading: false //列表加载状态还原，隐藏加载提示
```

```
            });
          }, 3000);
        });
      }
    });
```

在上述代码中，实现列表分页的关键是使用onReachBottom页面上拉触底事件，当页面滑动到底部则自动触发数据加载函数，请求接口获取下一页的数据。

2.5　壁纸详情页的开发

本节将讲解壁纸详情页的开发，功能点包括图片全屏显示、自定义导航栏及适配、页面数据加载及获取页面参数、图片毛玻璃效果、激励视频广告、解锁壁纸、下载壁纸、查看海报和自定义分享内容等。

2.5.1　高清壁纸推荐小程序功能说明

从高清壁纸推荐小程序首页，点击壁纸图片，跳转到壁纸详情页，默认展示当前点击的这一组壁纸图片（套图）。壁纸图片铺满整个页面可视区域、全屏显示，左右滑动可以切换浏览壁纸图片。在页面底部固定显示功能菜单，可以进行上一组、下一组壁纸套图的切换（在页面加载事件中，获取存储在全局数据中的首页已加载壁纸列表，这样即可方便用户进行上一组和下一组壁纸的浏览），也可以分享、下载壁纸和浏览壁纸海报图片。每组壁纸，默认前两张壁纸，可以正常浏览，其他壁纸需要看完激励视频广告才能解锁浏览。同样，壁纸图片默认无法下载，需看完激励视频广告才能解锁下载功能。页面效果如图2.4和图2.5所示。

图2.4　壁纸详情页

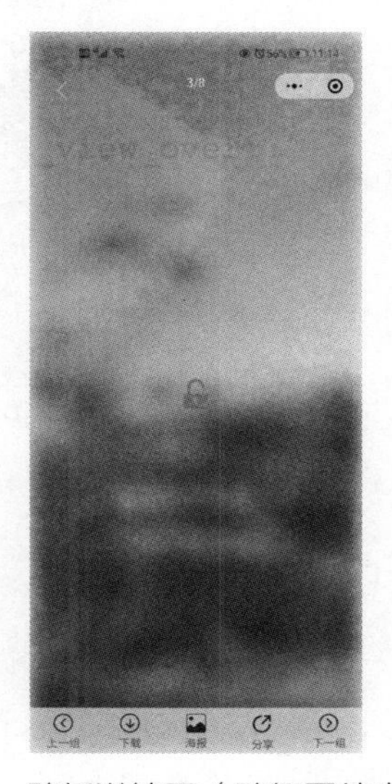

图2.5　壁纸详情页（壁纸图片未解锁）

下面将对壁纸详情页中，图片全屏显示、自定义导航栏及适配、页面数据加载及获取页面参数、图片毛玻璃效果、激励视频广告等功能，进行逐一代码实现讲解。

2.5.2 图片全屏显示

为了让用户获得更好的使用体验，更方便地浏览壁纸，需要将壁纸图片全屏展示。那么应该如何实现呢？既然要实现全屏展示，关键在于要隐藏或去掉微信小程序默认的标题导航栏。由于微信小程序支持自定义标题导航栏，进入/pages/image_view/image_view.json文件中，进行如下配置即可。

```
{
  "navigationStyle": "custom"
}
```

完成页面配置后，进入/pages/image_view/image_view.wxml文件中，进行相关布局代码编写如下。

```
<!-- 主体信息展示区域 -->
<view class='main_view'>
  <!-- 壁纸套图展示容器 -->
   <swiper indicator-dots="{{false}}" bindchange='ev_swiper_change'
current="{{current}}" autoplay="{{false}}"
    interval="5000" duration="1000" circular="true">
    <block wx:for="{{image_info.images}}" wx:key="org">
      <swiper-item>
        <!-- (默认)前两张壁纸和已解锁的壁纸，都可正常浏览 -->
          <image webp="true" lazy-load="true" wx:if='{{index<2 || unlock_
info.view}}' src="{{item.thumb}}"
          class="slide-image" />
        <block wx:else>
          <!-- 未解锁的壁纸毛玻璃效果展示，并居中显示"解锁"按钮 -->
          <image src="{{item.thumb}}" class="slide-image img_filter" />
          <button bindtap="ev_unlock" hidden='{{unlock_info.view}}'>
            <image src="/images/unlock.png"></image>
          </button>
        </block>
      </swiper-item>
    </block>
  </swiper>
</view>
```

进入/pages/image_view/image_view.wxss文件中，进行相关样式代码编写如下。

```
/* 主体信息展示区域、swiper和壁纸图片样式 */
.main_view, swiper, .slide-image {
  width: 100%;
  height: 100%;
}
```

如上述代码，壁纸图片展示区域及图片的宽度和高度都是100%，即与页面可视区域大小一致，这样即可实现图片全屏展示效果。

2.5.3 自定义导航栏及适配

在页面顶部，左侧固定显示返回图片按钮，居中显示当前浏览壁纸的图片序号及图片总数。

考虑到在不同分辨率的设备中，导航栏的显示位置（相对页面顶部的距离）并不相同，比如，iPhone X的刘海屏、安卓手机的水滴屏等。所以，显示位置不能固定编码，必须根据不同分辨率计算。

首先，进入/pages/image_view/image_view.wxml文件中，进行相关布局代码编写如下：

```
<!-- 主体信息展示区域 -->
<view class='main_view'>
  <!-- 自定义导航栏begin -->
  <!-- 返回图片按钮 -->
<image bindtap="ev_back" class="back" style="top:{{statusBarHeight}}rpx" src="/images/back.png"></image>
  <!-- 当前壁纸套图：正在第几张图片/图片总数 -->
   <text class="num_show" style="top:{{statusBarHeight+20}}rpx">{{current+1}}/{{image_info.images.length}}</text>
  <!-- 自定义导航栏end -->
</view>
```

其次，进入/pages/image_view/image_view.wxss文件中，进行相关样式代码编写如下：

```
/* 主体信息展示区域样式 */
.main_view {
  position: relative;/* 相对定位 */
}
/* 顶部数字显示样式 */
.num_show {
  position: absolute;/* 绝对定位 */
  left: 35%;/* 距离左侧位置 */
  width: 30%;
  text-align: center;/* 文本居中显示 */
  color: #fff;
  font-size: 28rpx;
  z-index: 1;
}
/* 顶部返回图片按钮样式 */
.back {
  position: fixed;/* 固定、停靠定位 */
  left: 20rpx;/* 距离左侧位置 */
  padding: 30rpx;
  width: 60rpx;
  height: 60rpx;
  z-index: 2;
}
```

最后，进入/pages/image_view/image_view.js文件中，进行相关逻辑代码编写如下：

```
Page({
  /**
   * 页面的初始数据
   */
  data: {
    /**
     * 状态栏高度
     */
```

```
    statusBarHeight: 0
  },
  /**
   * 生命周期函数--监听页面加载
   */
  onLoad: function(options) {
    //获取状态栏高度
    let statusBarHeight=this.get_statusBarHeight();
    //更新页面数据：状态栏高度
    this.setData({
      statusBarHeight:statusBarHeight
    });
  },
  /**
   * 获取状态栏高度
   */
  get_statusBarHeight:function(){
    //获取系统信息
    var res = wx.getSystemInfoSync();
    //获取设备状态栏高度
    let statusBarHeight = res.statusBarHeight;
    //判断状态栏高度是否是数字，如果不是，则设置默认高度（主要兼容开发模拟器上获取不到的情况）
    if (isNaN(statusBarHeight)) {
      statusBarHeight = 20;
    }
    //将高度乘以2倍（这只是本项目实际测试可取的高度，并不是通用和推荐的方式）
    statusBarHeight = statusBarHeight * 2;
    return statusBarHeight;
  }
})
```

在上述代码中，通过在onLoad事件中调用get_statusBarHeight函数，获取状态栏高度并更新页面数据statusBarHeight，以实现动态设置导航栏（返回按钮和顶部数字显示）的位置，以适配不同分辨率的设备。

2.5.4 页面数据加载及获取页面参数

进入壁纸详情页，需获取页面参数壁纸id和来源from。其中，壁纸id为当前要浏览的壁纸套图的id；来源用于区分是从小程序内跳转进入，还是从小程序分享卡片进入，进而做不同的判断处理。如果从分享卡片进入，则需要根据壁纸id请求接口获取壁纸信息。无论哪种来源，最终都需要设置当前要浏览的壁纸信息到页面数据中。具体要如何实现呢？进入/pages/image_view/image_view.js文件中，进行相关代码编写如下。

```
// pages/image_view/image_view.js
//获取应用实例
const app = getApp();
const util = require('../../utils/util.js');
const wx_api = require('../../utils/wx_api.js');
const common = require('../../utils/common.js');
const storage = require('../../utils/storage.js');
```

```
Page({
  /**
   * 页面的初始数据
   */
  data: {
    /**
     * 当前图片滑动展示项的索引
     */
    current: 0,
    /**
     * 当前壁纸信息
     */
    image_info: {},
    /**
     * 当前壁纸列表索引
     */
    list_index: 0,
    /**
     * 当前壁纸列表项数量
     */
    list_count: 1
  },
  /**
   * 生命周期函数--监听页面加载、获取页面参数
   */
  onLoad: function(options) {
    //定义局部变量
    let image_list = null,//存放当前图片列表
      is_back, //存放当前是否可返回上一页
      list_index = 0,//存放当前正浏览的图片列表索引
      image_info = null,//存放当前的壁纸信息
      list_count = 1;//存放当前图片列表项数量，默认为：1
    //获取页面参数：壁纸id
    let image_id = common.getObjItem(options, 'id');
    //获取页面参数：来源，如果从分享小程序卡片进入，则from值为：share；小程序内进入，
此值为空
    let from_type = common.getObjItem(options, 'from');
    //如果来源为空，则表明是从小程序内进入
    if (!from_type) {
      //当前可返回上一页
      is_back = true;
      //获取存储在全局数据中的首页已加载壁纸列表
      image_list = app.globalData.image_list;
      //如果列表不为空
      if (image_list) {
        //获取列表项数量
        list_count = image_list.length;
        //遍历列表，查找当前壁纸的信息和列表索引
        for (let i = 0; i < list_count; i++) {
          //如果页面参数壁纸id等于列表中项的id，则找到当前壁纸的信息
```

```
          if (image_id == image_list[i].id) {
            //当前壁纸的列表索引
            list_index = i;
            //当前壁纸信息
            image_info = image_list[i];
            break;
          }
        }
      }
    }

    //将当前图片列表存放到页面对象中
    this.image_list = image_list;
    //更新页面数据：当前图片列表项数量
    this.setData({
      list_count: list_count
    });

    //如果没有获取到壁纸信息（一般是从分享卡片进入），则请求接口获取壁纸信息
    if (!image_info) {
      //当前不可返回上一页
      is_back = false;
      //显示加载loading
      wx_api.showLoading();
      //根据页面参数壁纸id,请求接口获取壁纸信息
      util.getIndexApiResult('index/image_info', {
        id: image_id
      }, (res) => {
        //隐藏加载loading
        wx_api.hideLoading();
        //如果未获取到数据，则显示提示框
        if (!res.data) {
          wx_api.showModal_tip(wx_api.nodata_tip, this, () => {
            //用户点击确认回调函数，跳转到首页
            this.to_index();
          });
          return;
        }
        //从接口返回值从获取壁纸信息
        image_info = res.data;
        //设置当前浏览的壁纸信息
        this.set_info(image_info, list_index);
      });
    } else {
      //设置当前浏览的壁纸信息
      this.set_info(image_info, list_index);
    }
    //将当前是否可返回上一页存放到页面对象中
    this.is_back = is_back;
  }
})
```

在上述代码中，通过从onLoad事件的参数options（此参数名可自定义）中获取页面参数。其中，多次用到common.getObjItem函数，后面代码讲解中也会多次出现，所以，有必要讲解下该函数的实现及用途，以便大家能更好地理解相关代码。进入/utils/common.js文件中，编写代码如下：

```
var obj = {
  /**
   * 判断对象或参数是否未定义
   * @param {*} obj 对象或参数
   */
  is_undefined: function (obj) {
    //判断类型是否是undefined，是否为未定义，否则已定义
    if (typeof (obj) == "undefined") {
      return true;
    }
    return false;
  },
  /**
   * 从对象中获取指定属性名称的值
   * @param {*} obj 对象
   * @param {*} key 要获取的属性名称（也称之为键名）
   * @param {*} def_val 默认值
   */
  getObjItem: function (obj, key,def_val) {
    //判断def_val参数是否没有传值
    if (this.is_undefined(def_val)){
      //没有传值，则默认值为null
      def_val=null;
    }
    //如果对象是否不为空 并且 对象中存在要获取的属性，则返回属性值
    if (obj && obj.hasOwnProperty(key)) return obj[key];
    //否则，返回默认值
    return def_val;
  }
};

module.exports = obj;
```

2.5.5　设置当前浏览的壁纸信息

在页面加载，以及进行上一组和下一组壁纸切换中，都需要设置当前要浏览的壁纸（套图）信息——更新页面数据，包括壁纸解锁信息。进入/pages/image_view/image_view.js文件中，进行相关代码编写如下。

```
Page({
  /**
   * 页面的初始数据
   */
  data: {
    /**
```

```
     * 当前图片滑动展示项的索引
     */
    current: 0,
    /**
     * 当前壁纸信息
     */
    image_info: {},
    /**
     * 当前壁纸列表索引
     */
    list_index: 0,
    /**
     * 当前壁纸列表项数量
     */
    list_count: 1,
    /**
     * 当前壁纸解锁信息
     */
    unlock_info: {
      download: false,//下载功能是否已解锁，默认：false
      view: false//浏览功能是否已解锁，默认：false
    }
  },
  /**
   * 设置当前浏览的壁纸信息
   * @param {*} image_info 壁纸信息
   * @param {*} list_index 壁纸列表索引
   */
  set_info: function(image_info, list_index) {
    //更新页面数据
    this.setData({
      list_index: list_index,//壁纸列表索引
      current: 0,//浏览一组壁纸，默认从第一张图片开始，所以设置为0
      image_info: image_info,//要浏览的壁纸信息
    });

    //获取此壁纸是否已解锁
    let unlock_info = this.unlock_info();
    //定义壁纸解锁信息属性名称数组
    let temp = ['download', 'view'];
    //定义存放属性名称变量
let temp_val;
//遍历壁纸解锁信息属性名称数组
    for (let i = 0; i < temp.length; i++) {
      //获取属性名称
      temp_val = temp[i];
       //从解锁信息中，获取属性对应的值，默认为false（未解锁），并将获取到的值赋值到解
锁信息中
      unlock_info[temp_val] = common.getObjItem(unlock_info, temp_val, false);
    }
    //更新壁纸解锁信息
```

```
      this.setData({
        unlock_info: unlock_info
      });
    },
    /**
     * 获取或设置壁纸解锁信息
     * @param {*} info 要设置的解锁信息
     */
    unlock_info: function(info) {
      //从缓存中获取用户已解锁的集合信息(key: 壁纸id,value: 壁纸解锁信息)
      let dict = storage.image_unlock_info();
      //判断集合是否为空,是则设置默认值,方便下面进行判断处理
      !dict && (dict = {});
      //获取当前浏览的壁纸id
      let item_id = this.data.image_info.id;
      //从已解锁的集合中获取当前壁纸的解锁信息
      let data = common.getObjItem(dict, item_id, {});
      //如果info参数为空,表明是获取解锁信息,则直接返回
      if (!info) return data;

      //设置当前壁纸的解锁信息
      dict[item_id] = info;
      //将已解锁的集合重新保存到缓存中
      storage.image_unlock_info(dict);
    }
  })
```

在上述代码中，壁纸解锁信息实际都是从缓存中存取，通过调用storage.image_unlock_info函数实现。如何操作小程序本地缓存？对于小程序开发初学者，可能比较陌生，这里对此函数进行具体讲解。进入/utils/storage.js文件中，编写相关代码如下。

```
  /**
   * 设置或获取缓存
   * @param {*} name 缓存名称(key)
   * @param {*} info 缓存信息(value)
   * @param {*} is_set 是否是设置缓存,默认不传此参数,则为false
   */
  function setorget_cache(name, info, is_set) {
    //如果是设置缓存 或 缓存信息不为空,都是设置缓存操作
    if (is_set || info) {
      //调用wx.setStorageSync同步设置缓存接口,设置缓存
      return wx.setStorageSync(name, info);
    }
    //调用wx.getStorageSync同步获取缓存接口,获取缓存并返回
    return wx.getStorageSync(name);
  }

  var obj = {
    /**
     * 图片解锁信息
     * @param {*} info 解锁信息
```

```
     * @param {*} is_set 是否是设置缓存
     */
    image_unlock_info: function (info, is_set) {
      return setorget_cache('image_unlock_info', info, is_set);
    }
  }

  module.exports = obj;
```

2.5.6　图片毛玻璃效果

未解锁的壁纸图片，需要显示半透明、模糊的毛玻璃效果，以此吸引用户解锁壁纸（观看激励视频广告）。如何实现如图2.5所示的毛玻璃效果？通过样式即可实现，进入/pages/image_view/image_view.wxss文件中，进行相关代码编写如下。

```
  /* 壁纸图片毛玻璃效果 */
  .slide-image.img_filter {
    filter: blur(10px);
    -webkit-filter: blur(10px);
    -moz-filter: blur(10px);
    -ms-filter: blur(10px);
    -o-filter: blur(10px);
  }
```

在上述代码中，通过filter（滤镜）样式属性，并使用blur函数，给图像设置高斯模糊（函数参数值单位为px，值越大越模糊），这样即可实现图片毛玻璃效果（其中以“-”开头的样式，一般是为了适配不同浏览器，小程序开发中可忽略）。

2.5.7　壁纸标签显示

如图2.6所示，在壁纸标题下方显示壁纸的所有标签，并且每个标签颜色不同。你可能会好奇：这是如何实现的？实际实现并不复杂，预定义若干个（一般大于标签最大显示个数）标签颜色样式，并将这些样式名保存到页面数据，壁纸标签颜色样式数组中；在标签遍历渲染时，以遍历项的索引从标签颜色样式数组中获取样式名称，最终即可实现各种颜色的标签。

首先，进入/pages/image_view/image_view.wxml文件中，进行相关布局代码编写如下。

```
  <!-- 壁纸标签 -->
    <view class="cat">
      <!-- 遍历标签数组，显示标签 -->
      <block wx:for="{{image_info.tags}}" wx:key="id">
        <!-- 以遍历项索引从壁纸标签颜色样式数组中获取样式，获取不到，则显示默认样式：c_
blue -->
          <view class="{{colors[index]?colors[index]:'c_blue'}}">{{item.
name}}</view>
      </block>
    </view>
```

其次，进入/pages/image_view/image_view.wxss文件中，进行相关样式代码编写如下：

```
  /* 壁纸标签容器样式 */
  .info_view .cat {
```

```
  display: flex;/* flex布局 */
  align-items: center;/* 主轴即x轴方向，居中对齐 */
  flex-flow: wrap;/* 主轴即x轴方向，超出则换行显示 */
  margin-top: 10rpx;/* 上外间距 */
}
/* 壁纸标签项样式 */
.info_view .cat>view {
  border-width: 2rpx;/* 边框宽度 */
  border-style: solid;/* 边框样式：实线 */
  border-radius: 30rpx;/* 边框弧度 */
  padding: 4rpx 22rpx;/* 内间距 */
  font-size: 26rpx;
  margin-bottom: 10rpx;
  margin-left: 10rpx;
}
/* 壁纸标签颜色样式定义begin */
.c_blue {
  border-color: #7ec6fe;
  color: #7ec6fe;
}

.c_orange {
  border-color: #fca02e;
  color: #fca02e;
}

.c_red {
  border-color: #f93613;
  color: #f93613;
}

.c_violet {
  border-color: #7c2399;
  color: #7c2399;
}

.c_green {
  border-color: #3db024;
  color: #3db024;
}

.c_yellow {
  border-color: #f8ed08;
  color: #f8ed08;
}

.c_pink {
  border-color: #df16ae;
  color: #df16ae;
}
```

```
.c_deepred {
  border-color: #7b1f1f;
  color: #7b1f1f;
}
/* 壁纸标签颜色样式定义end */
```

最后，进入/pages/image_view/image_view.js文件中，进行相关代码编写如下。

```
Page({
  /**
   * 页面的初始数据
   */
  data: {
    /**
     * 当前壁纸信息
     */
    image_info: {}
    /**
     * 壁纸标签颜色样式数组
     */
      colors: ['c_blue', 'c_orange', 'c_red', 'c_violet', 'c_green', 'c_yellow', 'c_pink']
  }
})
```

2.5.8 底部功能菜单

在壁纸详情页底部，固定显示功能菜单栏，用户可以方便地进行上一组和下一组壁纸切换、下载壁纸图片、查看壁纸海报和分享壁纸操作，页面效果如图2.6所示。

图2.6 壁纸详情页

首先，进入/pages/image_view/image_view.wxml文件中，进行相关布局代码编写如下。

```
<!-- 底部功能菜单 -->
<view class="action_view">
  <!-- 如果当前列表索引为0，则显示"首页"菜单，否则，显示"上一组"菜单 -->
  <view wx:if="{{list_index==0}}" bindtap="to_index">
    <view class="iconfont icon-shouye"></view>
    <text>首页</text>
  </view>
  <view wx:else bindtap="ev_last">
    <view class="iconfont icon-shangyiye"></view>
    <text>上一组</text>
  </view>
  <view bindtap="ev_download">
    <view class="iconfont icon-download"></view>
    <text>下载</text>
  </view>
  <view bindtap="ev_poster">
    <view class="iconfont icon-image"></view>
```

```
      <text>海报</text>
    </view>
    <button open-type="share">
      <view class="iconfont icon-fenxiang"></view>
      <text>分享</text>
    </button>
    <!-- 如果当前列表数量大于1,并且当前不为最后一组,则显示"下一组"菜单 -->
    <view bindtap="ev_next" wx:if="{{list_count>1 && (list_index+1)<list_count}}">
      <view class="iconfont icon-xiayiye"></view>
      <text>下一组</text>
    </view>
  </view>
```

在上述代码中，分享功能菜单，使用的是button组件，并将open-type属性设置为share。这样点击按钮就会调起分享界面，同时触发用户转发分享事件。细心的你，可能会发现，button组件内竟然可以包含其他组件。没错，在微信小程序中，button组件比较特殊，它不仅是一个表单组件，更是一个容器。这样对于我们实现一些功能时，就相对容易得多，比如，上面的button组件包含了字体图标和显示文本，于是就实现了一个自定义的分享按钮。

其次，进入/pages/image_view/image_view.wxss文件中，进行相关样式代码编写如下。

```
/* pages/image_view/image_view.wxss */
/* 导入字体图标样式 */
@import "/lib/icon/iconfont.wxss";

/* 底部功能菜单容器样式 */
.action_view {
  position: fixed;/* 固定、停靠定位 */
  bottom: 0px;/* 距离底部位置 */
  left: 0px;/* 距离左侧位置 */
  width: 100%;
  background-color: rgba(246, 246, 246, 0.7);/* 背景色及透明度 */
  z-index: 100;
  padding: 10rpx 0px;
  display: flex;/* flex布局 */
  align-items: center;/* 主轴方向居中对齐 */
}
/* 底部功能菜单字体图标样式 */
.action_view .iconfont {
  font-size: 50rpx;
  color: #262626;
}
/* 底部功能菜单文本样式 */
.action_view text {
  font-size: 26rpx;
  color: #575757;
}
/* 底部功能菜单项容器样式 */
.action_view>view,
.action_view>button{
  /* flex布局 */
```

```
    display: flex;
    /* y轴方向为主轴 */
    flex-direction: column;
    /* 交叉轴即x轴方向居中对齐 */
    align-items: center;
    margin: 0 20rpx;
    /* 占据父容器的份数，假设子项数为n，则子项的宽度即为1/n;这里即每个菜单宽度为父容器
的1/4，即25% */
    flex: 1;
    /* 主轴即y轴方向两端对齐 */
    justify-content: space-between;
    height: 90rpx;
  }
  /* 底部功能菜单button样式 */
  .action_view>button {
    background-color: transparent;/* 背景色透明 */
    border: 0px;
    padding: 0px;
    line-height: 1.1;/* 行高 */
  }
```

2.5.9 激励视频广告

无论是解锁壁纸浏览，还是解锁壁纸下载，都必须看完激励视频广告。而在这之前，必须要完成激励视频广告的初始化，创建广告对象，便于在后续解锁时直接拉取显示广告。为了让代码更简洁，也有必要将拉取显示激励视频广告的代码，封装为一个函数，方便在不同的地方调用。进入/pages/image_view/image_view.js文件中，进行相关代码编写如下。

```
  /**
   * 激励视频广告对象
   */
  var videoAd;

  Page({
    /**
     * 关闭激励视频广告回调函数
     */
    ad_cb_fun: null,
    /**
     * 打开激励视频广告
     */
    openVideoAd: function() {
      //判断激励视频广告对象是否不为空，是则执行下面代码
      if (videoAd) {
        //调用激励视频广告显示函数
        videoAd.show().catch(err => {
          //失败重试
          videoAd.load().then(() => videoAd.show());
        });
      }
```

```
    },
    /**
     * 初始化激励视频广告
     */
    init_ad: function() {
      //定义变量：存放当前页面对象
      let that = this;
      //判断当前小程序库版本是否允许激励视频广告，是则执行下面的代码
      if (wx.createRewardedVideoAd) {
        //创建激励视频广告，并将广告对象保存到全局变量中
        videoAd = wx.createRewardedVideoAd({
          adUnitId: 'adunit-b4d9d700347565e7'//广告id，可在小程序公众平台"流量
主→广告位管理"中查看获取
        });
        //捕捉错误（一般在网络不稳定 或 未拉取到广告时，会触发此事件）
        videoAd.onError(err => {
          //给予用户提示
          wx_api.showToast("广告未获取到，请重新尝试");
        });
        //监听广告关闭（用户关闭激励视频广告，无论是否看完，都会触发此事件）
        videoAd.onClose((status) => {
          //定义变量：广告是否已看完
          let is_view_over;
          if (status && status.isEnded || status === undefined) {
            //播放完毕
            is_view_over=true;//已看完
          } else {
            //播放中途退出
            is_view_over=false;//未看完
          }
          //执行关闭激励视频广告回调函数
          that.ad_cb_fun && that.ad_cb_fun(is_view_over);
        });
      }
    },
    /**
     * 生命周期函数--监听页面加载
     */
    onLoad: function(options) {
      //调用广告初始化函数
      this.init_ad();
    }
  })
```

2.5.10　解锁壁纸

进入/pages/image_view/image_view.js文件中，编写解锁壁纸事件ev_unlock()函数，具体代码如下。

```
  Page({
    /**
```

```
    * 关闭激励视频广告回调函数
    */
   ad_cb_fun: null,
   /**
    * 页面的初始数据
    */
   data: {
     /**
      * 当前壁纸解锁信息
      */
     unlock_info: {
       download: false,//下载功能是否已解锁，默认：false
       view: false//浏览功能是否已解锁，默认：false
     }
   },
   /**
    * 解锁壁纸
    */
   ev_unlock: function() {
     /**
      * 定义并赋值关闭激励视频广告回调函数
      * @param {*} is_over 是否已看完广告
      */
     this.ad_cb_fun = function(is_over) {
       if (is_over) {
         //看完广告，则执行壁纸解锁操作

         //获取当前壁纸解锁信息
         let unlock_info = this.data.unlock_info;
         //将壁纸浏览解锁信息设置为true：已解锁
         unlock_info.view = true;
         //更新页面数据
         this.setData({
           unlock_info: unlock_info
         });
         //保存解锁信息
         this.unlock_info(unlock_info);
         return;
       }
       //没有看完广告，则显示提示弹框
       wx_api.showModal_tip("看完视频即可永久解锁这组壁纸哦");
     };
     //显示激励视频广告
     this.openVideoAd();
   }
 })
```

上述代码中，在看完激励视频广告的回调函数中，调用unlock_info()函数，将当前壁纸浏览功能已解锁信息，保存到本地缓存。

2.5.11　下载壁纸

进入/pages/image_view/image_view.js文件中，编写壁纸下载事件ev_download()函数，具体代码如下。

```
Page({
  /**
   * 关闭激励视频广告回调函数
   */
  ad_cb_fun: null,
  /**
   * 页面的初始数据
   */
  data: {
    /**
     * 当前图片滑动展示项的索引
     */
    current: 0,
    /**
     * 当前壁纸信息
     */
    image_info: {},
    /**
     * 当前壁纸解锁信息
     */
    unlock_info: {
      download: false,//下载功能是否已解锁，默认：false
      view: false//浏览功能是否已解锁，默认：false
    }
  }
  /**
   * 下载壁纸
   */
  ev_download: function() {
    //获取当前页面数据
    let data = this.data;
    //当前壁纸解锁信息
    let unlock_info = data.unlock_info;
    //获取当前浏览壁纸图片要下载的原图
    let image_url = data.image_info.images[data.current].org;
    //判断壁纸下载功能是否已解锁，是则直接下载
    if (unlock_info.download) {
      //调用图片下载函数
      util.download_image(image_url);
      return;
    }

    /* 壁纸下载功能未解锁，则执行以下代码 */

    /**
     * 定义并赋值关闭激励视频广告回调函数
```

```
        * @param {*} is_over 是否已看完广告
        */
       this.ad_cb_fun = function(is_over) {
         if (is_over) {
           //看完广告，则执行壁纸下载功能解锁操作

           //将壁纸下载功能解锁信息设置为true: 已解锁
           unlock_info.download = true;
           //更新页面数据
           this.setData({
             unlock_info: unlock_info
           });
           //保存解锁信息
           this.unlock_info(unlock_info);
           //调用图片下载函数
           util.download_image(image_url);
           return;
         }
         //没有看完广告，则显示提示弹框
         wx_api.showModal_tip("看完视频即可下载这组高清壁纸哦");
       };
       //显示激励视频广告
       this.openVideoAd();
     }
   })
```

在上述代码中，首先判断壁纸下载功能是否已解锁，是则直接下载，否则需看完激励视频广告后，才能解锁下载功能，下载壁纸图片。其中，执行图片下载调用的是util.download_image()函数，该函数是在/utils/util.js文件中定义的，具体代码如下。

```
   var obj={
     /**
      * 下载图片
      * @param {*} image_url 图片url
      * @param {*} data 下载图片请求数据
      */
     download_image: function (image_url,data){
       //如果请求数据为空，则设置默认值
       !data && (data=[]);
       wx_api.showLoading('处理中');
       //构造请求数据
       data.image_url = image_url;
        //请求接口：因壁纸图片存储在七牛云上，绑定的域名不在小程序downloadFile合法域名
中，所以需要通过服务端下载图片，然后以接口域名返回图片url
       obj.getIndexApiResult('index/download_image', data, (res) => {
         console.log(res);
         //下载失败判断并提示
         if (!res.result) {
           wx.hideLoading();
           wx_api.showModal_tip("下载失败，请稍候再试");
           return;
```

```
        }
        //调用下载服务器端文件并保存到（手机）相册的函数
        wx_api.saveImageToPhotosAlbum(res.message, () => {
          wx.hideLoading();
          wx_api.showToast('已保存到手机相册');
        });
      });
    }
  };

  module.exports = obj;
```

上面之所以要请求服务端接口，下载并以接口域名（此域名是downloadFile合法域名）返回图片url，是因为后面调用wx.downloadFile接口，文件url的域名必须要在小程序downloadFile合法域名中（可在微信小程序公众平台“开发→开发设置”的服务器域名中配置和查看）。下载服务器端文件并保存到(手机)相册，wx_api.saveImageToPhotosAlbum()函数，是在/utils/wx_api.js文件中定义的，相关代码如下。

```
  var apiObj = {
    /**
     * 下载服务器端文件并保存到（手机）相册
     * @param {*} file_url 文件url
     * @param {*} suc_fun 保存成功回调函数
     */
    saveImageToPhotosAlbum: function (file_url, suc_fun) {
      wx.downloadFile({
        url: file_url,
        success: function (res) {
          // 只要服务器有响应数据，就会把响应内容写入文件并进入 success 回调，业务需要
自行判断是否下载了想要的内容
          if (res.statusCode === 200) {
            //如果服务器返回的HTTP状态码为200，则表明文件下载成功，调用保存图片到（手
机）相册函数
            apiObj.saveImageToPhotosAlbum_base(res.tempFilePath, suc_fun);
          } else {
            //文件下载失败，隐藏loading并提示
            apiObj.hideLoading();
            apiObj.showModal_tip("下载失败，请稍候再试");
            return;
          }
        }
      });
    },
    /**
     * 保存图片到（手机）相册
     * @param {*} file 本地文件路径
     * @param {*} suc_fun 保存成功回调函数
     */
    saveImageToPhotosAlbum_base: function (file, suc_fun) {
      //获取"保存到相册"的授权
```

```
        apiObj.authorize_scope('scope.writePhotosAlbum', () => {
          //用户同意，授权成功处理

          //保存图片到系统相册
          wx.saveImageToPhotosAlbum({
            filePath: file,
            //保存成功回调函数
            success: function (res) {
              suc_fun && suc_fun();
            },
            //保存失败回调函数
            fail: function (res) {
              apiObj.showModal_tip("下载失败，请同意授权后再试");
              return;
            }
          });
        }, (res) => {
          //用户拒绝，授权失败处理: 隐藏loading并提示
          apiObj.hideLoading();
          apiObj.showModal_tip("快去设置-打开'保存到相册'授权后再试", null, null,
false, '我知道了', "无法保存图片到相册");
        });
      }
    };
    module.exports = apiObj;
```

2.5.12 查看海报

进入/pages/image_view/image_view.js文件中，编写查看分享海报事件ev_poster()函数，具体代码如下。

```
    Page({
      /**
       * 页面的初始数据
       */
      data: {
        /**
         * 当前壁纸信息
         */
        image_info: {}
      },
      /**
       * 查看分享海报事件
       */
      ev_poster: function() {
        //调用图片浏览函数，预览分享海报
        wx_api.previewImage([this.data.image_info.share_poster]);
      }
    })
```

上面图片浏览调用的是wx_api.previewImage()函数，实质封装的是wx.previewImage预

览图片接口。该函数是在/utils/util.js文件中定义的，具体代码如下。

```
var apiObj = {
  /**
   * 预览图片
   * @param {*} urls 图片url数组
   * @param {*} current_imgurl 当前要预览的图片url（非必传）
   */
  previewImage: function (urls, current_imgurl) {
    //如果current_imgurl参数为空，则默认为图片url数组的第一项
    !current_imgurl && (current_imgurl = urls[0]);
    //调用预览图片接口
    wx.previewImage({
      current: current_imgurl, // 当前显示图片的url
      urls: urls, // 需要预览的图片url列表
      fail: (err) => {
        console.error(err);
      }
    });
  }
};
module.exports = apiObj;
```

2.5.13 返回及跳转到首页

进入/pages/image_view/image_view.js文件中，编写返回及跳转到首页相关代码如下。

```
Page({
  /**
   * 点击左上角"返回"事件
   * @param {*} e
   */
  ev_back: function(e) {
    //如果是可返回（即从首页列表进入），则直接调用返回接口，返回上一页面
    if (this.is_back) {
      wx.navigateBack({});
      return;
    }
    //如果不可返回（即从分享卡片直接进入），则跳转到首页
    this.to_index();
  },
  /**
   * 跳转到首页
   */
  to_index: function() {
    //因首页是 tabBar 页面，则只能调用wx.switchTab接口实现跳转
    wx.switchTab({
      url: "/pages/index/index"
    });
  }
})
```

2.5.14 上一组和下一组切换

进入/pages/image_view/image_view.js文件中，编写上一组和下一组壁纸切换相关代码如下。

```
Page({
  /**
   * 页面的初始数据
   */
  data: {
    /**
     * 当前壁纸信息
     */
    image_info: {},
    /**
     * 当前壁纸列表索引
     */
    list_index: 0,
    /**
     * 当前壁纸列表项数量
     */
    list_count: 1
  },
  /**
   * 查看"上一组"壁纸
   */
  ev_last: function() {
    //获取当前页面数据
    let data = this.data;
    //如果壁纸列表数量<=1 或者 是当前已经是第一个,则提示
    if (data.list_count <= 1 || !data.list_index) {
      wx_api.showToast("没有啦,滑动页面发现更多");
      return;
    }
    //当前壁纸列表索引-1
    data.list_index--;
    //设置当前浏览的壁纸信息
    this.set_info(this.image_list[data.list_index], data.list_index);
  },
  /**
   * 查看"下一组"壁纸
   */
  ev_next: function() {
    //获取当前页面数据
    let data = this.data;
    //如果壁纸列表数量<=1 或者 是当前已经是最后一个,则提示
    if (data.list_count <= 1 || (data.list_index + 1) >= data.list_count) {
      wx_api.showToast("没有啦,滑动页面发现更多");
      return;
    }
    //当前壁纸列表索引+1
```

```
      data.list_index++;
      //设置当前浏览的壁纸信息
      this.set_info(this.image_list[data.list_index], data.list_index);
    }
  })
```

2.5.15　自定义分享内容

在微信小程序中，如果页面需要支持分享（转发），只需在页面初始化对象中包含onShareAppMessage事件即可。反之，如果没有此事件，则页面不能分享（转发）。onShareAppMessage事件内如果为空，即没有返回自定义分享数据，则默认取当前页面的页面标题、页面截图和页面路径，分别作为小程序分享卡片的标题、封面图和（点击进入的）页面路径。而在高清壁纸推荐小程序壁纸详情页，需要实现的是：分享出去的小程序卡片要显示壁纸标题和当前浏览的壁纸图片等自定义信息。进入/pages/image_view/image_view.js文件中，编写分享事件代码如下。

```
Page({
  /**
   * 页面的初始数据
   */
  data: {
    /**
     * 当前图片滑动展示项的索引
     */
    current: 0,
    /**
     * 当前壁纸信息
     */
    image_info: {}
  },
  /**
   * 用户点击分享触发分享事件
   */
  onShareAppMessage: function() {
    //获取当前浏览的壁纸信息
    let item = this.data.image_info;
    //定义分享页面路径：壁纸详情页路径+参数（from：标记是分享，id：当前壁纸id）
    let path = "/pages/image_view/image_view?from=share&id=" + item.id;
    //获取当前浏览壁纸的图片缩略图
    let imageUrl=item.images[this.data.current].thumb;

    //返回自定义分享数据对象
    return {
      path: path,//分享页面路径，即用户点击分享卡片，会进入的页面路径
      imageUrl: imageUrl,//分享卡片的封面图
      title: item.share_title,//分享卡片的标题
      success: function (res) {
        // 转发成功
      },
```

```
        fail: function (res) {
          // 转发失败
        }
      };
    }
})
```

2.6 关键功能解析：微信登录

本节将讲解高清壁纸推荐小程序中的关键功能：微信登录，主要内容包括实现方式、实现思路、登录流程、开启壁纸提醒、微信授权登录弹框、调用接口获取用户信息及请求服务端登录等。

2.6.1 实现方式

微信登录是微信小程序开发中常用且重要的功能。目前常见的实现方式有两种。

（1）跳转到授权登录页

一般是通过在页面onShow事件中，判断用户是否未登录，是则直接跳转到授权登录页。这种方式实现相对简单，但用户体验较差。比如，用户进入“我的”页面（通常需要判断是否已登录，并请求接口获取用户信息），未登录状态会自动跳转到授权登录页，用户授权登录后会自动跳转返回“我的”页面，这样登录会经历两次页面跳转。而用户在授权登录页，不想登录，点击取消或返回，又会被强制跳转到授权登录页；于是想从“我的”页面返回首页（或上一页面），几乎是无法办到、让人抓狂的事情。

（2）页面内显示授权登录弹框

这种下面要重点讲解的微信登录实现方式，其特点是：实现相对复杂，但用户体验比较好。大概流程是：页面加载或进行某些需登录的操作时（如点赞、收藏等），判断用户是否未登录，是则直接在当前页面显示授权登录弹框，用户授权登录后即可继续或自动完成相应的数据加载或请求。

2.6.2 实现思路

微信登录不是单纯地调用，更多的是在进行数据加载等接口请求时，才需要判断用户是否已登录。如果没有登录，则先完成登录，再进行相应的接口请求，这样才是相对比较合适的一种实现方式。因为鉴于微信小程序（相对于网页开发）的特殊性，登录状态不能仅仅依靠小程序的判断；出于安全性的考虑，一般用户登录会话session（也可称为用户token）都设置过期时间，所以必须以服务端的登录验证为准。

接口请求分为两种，一种是不需要登录的，比如，获取banner图、获取城市列表、获取公开的图片或文章等。另一种是需要登录的，这里面又分为两种，一是非必须登录的，比如，“第5章 积分商城：吸猫帮”案例首页的文章列表，未登录也可以浏览，无非是登录后，文章列表会显示文章是否已收藏的标识。二是明确必须需要登录的，比如，获取我的收藏、进行点赞或收藏等操作等。

2.6.3　登录流程

为了让大家能更好地理解登录的完整流程，以及后面的代码讲解，专门画了微信登录流程图，如图2.7所示。

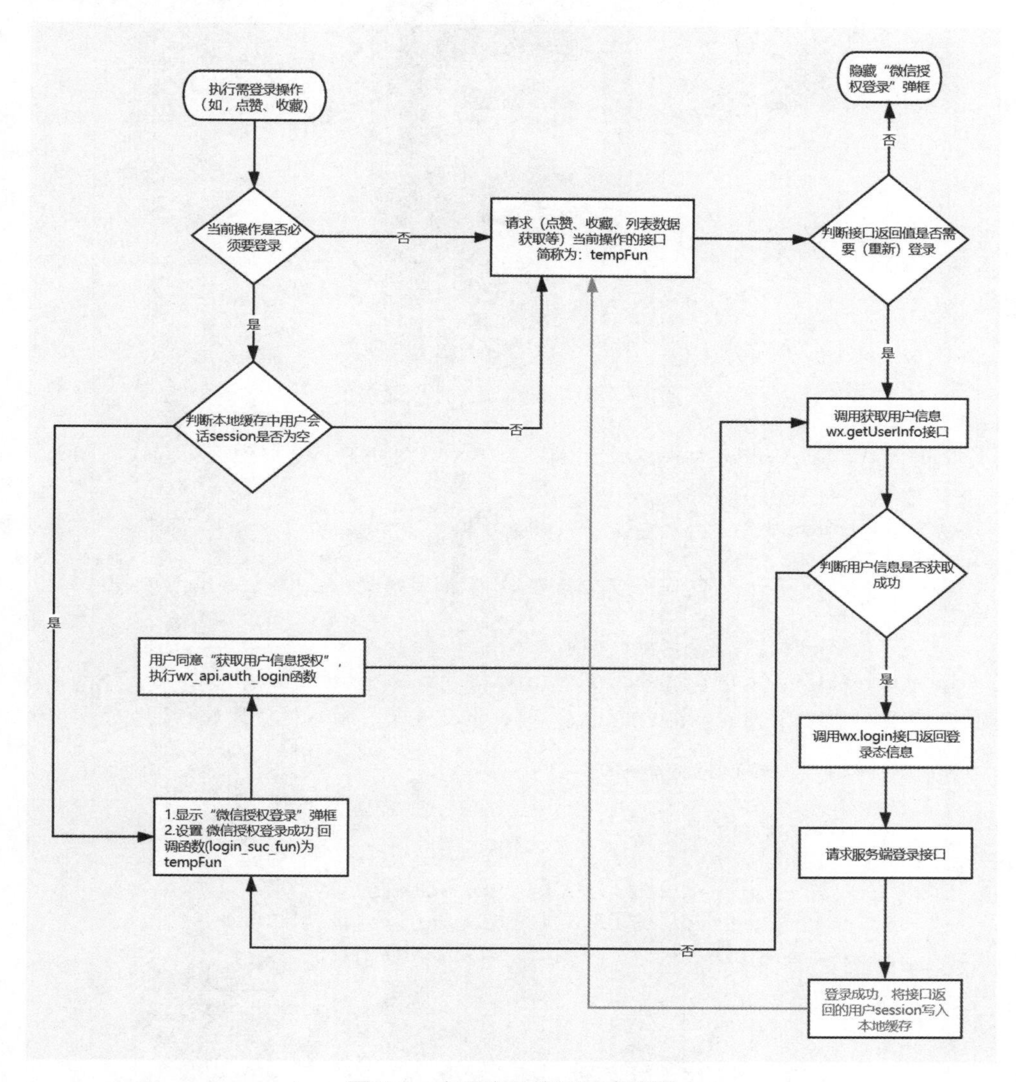

图2.7　小程序微信登录流程图

2.6.4　以一个操作开始：开启新壁纸提醒

在高清壁纸推荐小程序壁纸详情页，点击“开启新壁纸提醒”按钮，需要请求服务端接口，记录用户开启提醒的壁纸信息，以便于在数据统计和有新的壁纸更新时，根据用户开启提醒的壁纸分类，给予比较个性化的提醒。界面效果如图2.8所示。

图2.8　壁纸详情页（授权登录）

首先，进入/pages/image_view/image_view.wxml文件中，编写相关布局代码如下。

```
<view class="info_view">
   <button class="notice_btn" bindtap="ev_open_notice">开启新壁纸提醒</button>
  <text class="notice_tip">开启后可及时收到新壁纸提醒（提醒时间：9：00）</text>
</view>
<!-- 引入"用户微信授权登录弹框"模板 -->
<include src="../common/tpl_user_wxlogin_view.wxml" />
```

其次，进入/pages/image_view/image_view.js文件中，编写相关逻辑代码如下。

```
// pages/image_view/image_view.js
//获取应用实例
const app = getApp();
const util = require('../../utils/util.js');
const wx_api = require('../../utils/wx_api.js');
const common = require('../../utils/common.js');
const storage = require('../../utils/storage.js');

/**
 * 激励视频广告对象
 */
Page({
  /**
   * 关闭激励视频广告回调函数
   */
  ad_cb_fun: null,
  /**
   * 页面的初始数据
   */
  data: {
    /**
     * 用户微信授权登录弹框是否隐藏：是
```

```
      */
    user_wxlogin_view_hidden: true,
    /**
     * 用户微信授权登录弹框"取消登录"按钮是否隐藏：否
     */
    user_wxlogin_close_hidden: false,
    /**
     * 用户微信授权登录弹框"取消登录"关闭类型：隐藏登录弹框
     */
    user_wxlogin_view_closetype: 1,
    /**
     * 当前壁纸信息
     */
    image_info: {}
  },
/**
   * 授权获取用户信息回调 和 点击"取消登录"的事件
   */
  ev_getUserInfo: function (e) {
    wx_api.auth_login(this, e);
  },
  /**
   * 开启新壁纸提醒
   */
  ev_open_notice: function () {
    let that = this;
    //显示加载loading
    wx_api.showLoading();
    //请求接口：记录用户开启提醒的壁纸
    util.getMyApiResult('index/open_notice', {
      id: that.data.image_info.id //当前壁纸id
    }, (res) => {
      //隐藏加载loading
      wx_api.hideLoading();
    }, null);
  }
})
```

在上述代码中，请求接口记录用户开启提醒的壁纸信息，必须要登录，这样才能将壁纸与用户信息关联并进行保存。所以，调用的是登录验证的接口请求util.getMyApiResult()函数，其代码实现在后面会进行针对性讲解。

2.6.5　微信授权登录弹框

一个小程序项目中，需要验证登录的页面可能有多个，所以需要将“微信授权登录弹框”做成一个公共，可以直接复用的；最好是相对独立的，可在不同的项目中直接使用。在高清壁纸推荐小程序，以及我做的其他小程序项目中，采用的是通过模板实现“微信授权登录弹框”。首先，进入/pages/common/tpl_user_wxlogin_view.wxml文件中，编写代码如下。

```
<view class="cover_view flex" hidden='{{user_wxlogin_view_hidden}}'>
```

```
    <view class="cover_box flex-col">
      <view class="flex-col user_wxlogin_view">
          <button bindgetuserinfo='ev_getUserInfo' open-type="getUserInfo"
lang="zh_CN">微信授权登录</button>
        <text>登录后可体验更多功能、获取提醒</text>
         <text hidden="{{user_wxlogin_close_hidden}}" style='margin:40rpx 0px
-10px;color:#A3A3A3;' bindtap='ev_getUserInfo' data-close='1'>取消登录</text>
      </view>
    </view>
  </view><include src="../common/tpl_user_wxlogin_view.wxml" />
```

在上述代码中，获取用户信息授权使用的是button组件，其open-type属性设置为getUserInfo，lang属性设置为zh_CN（指定返回用户信息的语言：简体中文），并绑定bindgetuserinfo事件。用户点击该按钮时，会返回获取到的用户信息，回调的detail数据与wx.getUserInfo接口返回的一致。授权按钮bindgetuserinfo事件和“取消登录”的点击事件都是ev_getUserInfo()函数，区别在于“取消登录”组件绑定的有自定义数据close。所以，在ev_getUserInfo()函数中，根据事件触发组件的自定义数据close是否为空，来判断当前操作类型，并做相应处理。

2.6.6 登录验证接口请求

为了简化页面中数据加载、用户操作等接口请求的代码实现，将接口请求的代码进行了封装，其中包括登录验证接口请求的函数。进入/utils/util.js文件中，编写相关代码如下。

```
  const http = require("http.js");
  const wx_api = require("wx_api.js");
  const storage = require('storage.js');
  const common = require("common.js");

  /**
   * 用户需要登录的服务器返回状态码
   */
  const NEEDLOGINCODE = -100;

  var obj={
    /**
     * 获取需登录验证的接口请求返回值
     * @param {*} url 接口url
     * @param {*} querydata 请求参数数据
     * @param {*} cb_fun 请求成功回调
     * @param {*} errcb_fun 请求失败回调
     * @param {*} is_must_login 是否是必须要登录
     */
    getMyApiResult: function (url, querydata, cb_fun, errcb_fun, is_must_login) {
      //判断请求失败回调是否为空，是则设置默认值
      if (!errcb_fun) {
        errcb_fun = (err) => {
          wx_api.showModal_tip(");
        };
```

```
    }
    //执行"须登录验证"的api请求
    _authApiRequest(url, querydata, cb_fun, errcb_fun, is_must_login);
  }
};

/**
 * 执行"须登录验证"的api请求
 * @param {*} url 接口相对url
 * @param {*} querydata 请求参数
 * @param {*} cb_fun 成功回调函数
 * @param {*} errcb_fun 失败回调函数
 * @param {*} is_must_login 是否是必须登录，默认: true
 */
function _authApiRequest(url, querydata, cb_fun, errcb_fun, is_must_login) {
  //判断参数is_must_login是否未传值，是则设置默认值
  if (common.is_undefined(is_must_login)) {
    is_must_login = true;//默认
  }
  //获取当前页面对象
  let page_obj = wx_api.getCurrentPage();
  //存放已尝试登录次数，默认为: 0
  var tryCount = 0;
  //如果请求参数为空，则设置默认值
  !querydata && (querydata = {});
  /**
   * 接口请求函数变量
   */
  var tempFun = () => {
    //调用网络请求函数
    http.fetchApi(url, querydata, (err, res) => {
      //判断请求是否出错
      if (err) {
        //调用http错误处理函数，给予用户提示
        _error_handle(err, errcb_fun);
        return;
      }
      //判断接口返回值是否等于用户需要登录的服务器返回状态码（-100）
      if (res.result == NEEDLOGINCODE) {
        //用户会话session（登录状态）可能已过期，需要清空session缓存
        storage.trd_session(null, true);
        //判断是否已尝试登录过
        if (!tryCount) {
          //没有登录过，则强制登录，只执行一次
          wx_api.login(tempFun, is_must_login);
          //已尝试登录次数+1
          tryCount++;
        } else {
          //如果是已尝试登录过 且 是必须登录，则显示登录失败弹框
          is_must_login && wx_api.showloginfailTip();
        }
```

```
            return;
          }
           //判断页面数据user_wxlogin_view_hidden是否等于false：即"微信授权登录”弹
框是否处于显示状态
            if (common.getObjItem(page_obj.data, 'user_wxlogin_view_hidden')
=== false) {
            //隐藏"微信授权登录"弹框
            page_obj.setData({
              user_wxlogin_view_hidden: true
            });
          }
          //执行接口请求成功回调函数
          cb_fun && cb_fun(res);
        }, ; 'POST' );
      };

      //接口请求之前判断：如果是必须登录 且 本地session缓存为空 且 页面数据对象中存在
user_wxlogin_view_hidden属性，则显示登录弹框
      if (is_must_login && !storage.trd_session() && common.getObjItem(page_
obj.data, 'user_wxlogin_view_hidden') !== null) {
        //显示"微信授权登录"弹框
        page_obj.setData({
          user_wxlogin_view_hidden: false
        });
        //设置 微信授权登录成功 回调函数为：接口请求函数
        page_obj.login_suc_fun = tempFun;
        //隐藏loading
        wx_api.hideLoading();
        return;
      }
      //执行接口请求函数
      tempFun();
    }

    module.exports = obj;
```

2.6.7 网络请求

在上述代码中，接口请求实际调用的是网络请求http.fetchApi()函数。此函数是将网络请求代码做了封装，关键是可以统一网络请求代码，并在请求header中附带上用户会话session（用户token），便于服务端验证登录状态及身份。进入/utils/http.js文件中，编写相关代码如下。

```
'use strict';
const storage = require('storage.js');

/**
 * 接口请求（根）URL
 */
const API_HOST_URI = 'http://192.168.1.3:6683/minappapi/';
```

```
/**
 * 默认数据请求加载提示
 */
const Loading_tip = "请稍候，正在加载中...";

/**
 * 执行网络请求
 * @param {*} url 接口相对url
 * @param {*} data 请求数据
 * @param {*} callback 回调函数
 * @param {*} method 请求类型，默认为: POST
 */
function _do_request(url, data, callback, method) {
  //判断请求类型是否为空，是则设置默认值
  !method && (method = 'POST');
  //构造完整的请求url
  url = API_HOST_URI + url;
  //获取header对象
  let header = _get_header();
  //调用wx.request接口，wx.request
  wx.request({
    url: url,
    data: data,
    method: method,
    header: header,
    //成功回调
    success(res) {
      callback(null, res.data);
    },
    //失败回调
    fail(e) {
      callback(e);
    }
  });
}

/**
 * 获取网络请求header对象信息
 */
function _get_header() {
  //从本地缓存中获取用户会话session（用户token）
  let token = storage.trd_session();
  //判断token是否为空，是则设置默认值
  token = token ? token : '';
  //返回header对象信息
  return {
    //媒体格式类型: form表单数据
    'Content-Type': 'application/x-www-form-urlencoded',
    //用户token，服务端可从请求header中获取cwxkj-x-token的值
    "cwxkj-x-token": token,
```

```
      //应用版本号
      "cwxkj-x-app-version": 3
    };
  }

  module.exports = {
    fetchApi: _do_request,
    loadingTip: Loading_tip
  };
```

2.6.8 调用接口获取用户信息及请求服务端登录

进入/utils/wx_api.js文件中，编写相关代码如下。

```
'use strict';
const storage = require('storage.js');
const common = require("common.js");
const http = require("http.js");

/**
 * 认证登录处理
 * @param {*} res 用户信息
 * @param {*} cb_fun 登录成功回调函数
 */
function _do_auth_login(res, cb_fun) {
  //调用接口获取登录凭证（code）函数
  _wx_login((code_res) => {
    //构造微信登录请求数据
    var querydata = {
      auth_code: code_res.code,
      auth_iv: res.iv,
      auth_encryptedData: res.encryptedData
    };
    console.log(querydata);

    //向服务器发送 登录 请求
    http.fetchApi('login/auth_login', querydata, (err, res) => {
      if (err) {
        console.log(err);
        apiObj.showloginfailTip();
        return;
      }
      console.log(res);
      if (res.result != 1) {
        apiObj.showModal_tip(res.message);
        return;
      }

      //将服务器返回的 trd_session 写入缓存
      storage.trd_session(res.message);
```

```
        //将用户信息 写入缓存
        storage.user_info(res.data);
        //执行登录成功回调函数
        cb_fun && cb_fun();
      }, 'POST');
    });
}

/**
 * 调用接口获取登录凭证(code)
 * @param {*} cb_fun 获取登录凭证成功回调函数
 */
function _wx_login(cb_fun) {
  try {
    //调用登录接口
    wx.login({
      fail: () => {
        //显示登录失败提示框
        apiObj.showloginfailTip();
      },
      success: function (res) {
        console.log('login');
        console.log(res);
        if (!res.code) {
          //显示登录失败提示框
          apiObj.showloginfailTip();
          return;
        }
        cb_fun && cb_fun(res);
      }
    });
  } catch (e) {
    //显示登录失败提示框
    apiObj.showloginfailTip();
  }
}

/**
 * 获取用户信息
 * @param {*} cb_fun 获取成功回调函数
 * @param {*} fail_cb 获取失败回调函数
 */
function _getUserInfo(cb_fun, fail_cb) {
  //调用获取用户信息wx.getUserInfo接口
  wx.getUserInfo({
    //返回登录态信息,返回的数据会包含encryptedData, iv等敏感信息
    withCredentials: true,
    //获取成功回调: 只有在已获得"用户信息授权"的情况下,才能成功获取用户信息
    success: function (res) {
      console.log('_getUserInfo suc');
      //调用认证登录函数
```

```
        _do_auth_login(res, cb_fun);
      },
      //获取失败回调：未获得"用户信息授权"的情况下
      fail: () => {
        console.log('_getUserInfo fail');
        //执行获取失败回调函数
        fail_cb && fail_cb();
      }
    });
  }
```

在上述代码中，登录验证接口请求时，用户没有登录，实际会先调用_getUserInfo()函数获取用户信息（简称uinfo），如果调用成功，则调用_wx_login()函数获取用户登录态（简称ucode）；最后以ucode和uinfo作为参数，请求服务端微信登录接口，获取用户会话session。

2.6.9 微信登录实现

进入/utils/wx_api.js文件中，编写相关代码如下。

```
'use strict';
const storage = require('storage.js');
const common = require("common.js");
const http = require("http.js");

/**
 * 首页页面路径
 */
const INDEX_PATH = 'pages/index/index';

var apiObj = {
  /**
   * 返回当前 或 所有打开页面的栈
   * @param {*} get_all 是否返回所有
   */
  getCurrentPage: function (get_all) {
    //获取所有打开页面的栈（页面对象数组）
    let pages = getCurrentPages();
    //如果是返回所有打开页面的栈，则直接返回
    if (get_all) return pages;
    //返回当前页面
    return pages[pages.length - 1];
  },
  /**
   * 跳转到首页
   */
  go_index: function () {
    wx.switchTab({
      url: '/' + INDEX_PATH,
    });
  },
  /**
```

```
     * 授权获取用户信息回调 和 点击"取消登录"的事件（提供给页面调用）
     * @param {*} page_obj 页面对象
     * @param {*} e 事件参数
     */
    auth_login: function (page_obj, e) {
      //隐藏"微信授权登录"弹框的函数变量
      let hidden_fun = () => {
        page_obj.setData({
          user_wxlogin_view_hidden: true
        });
      };
      //获取当前事件触发组件的自定义数据
      let dataset = e.currentTarget.dataset;
      //判断自定义数据中是否有close属性，是则表明是点击"取消登录"的事件
      if (common.getObjItem(dataset, 'close')) {
        //根据取消登录的类型进行相应的处理
          //如果页面路径等于首页路径（即当前为首页）或者 页面数据对象中user_wxlogin_
view_closetype属性值为1，则隐藏登录弹框，否则跳转到首页
          if (page_obj.route == INDEX_PATH || common.getObjItem(page_obj.
data, 'user_wxlogin_view_closetype') == 1) {
          //隐藏登录弹框
          hidden_fun();
        } else {
          //跳转到首页
          apiObj.go_index();
        }
        return;
      }
      //获取授权返回信息
      let detail = e.detail;
      //判断用户信息是否为空，是则表明用户拒绝了授权
      if (!detail.userInfo) {
        console.log('登录拒绝');
        return;
      }
      //隐藏登录弹框
      hidden_fun();
      //调用认证登录函数
      _do_auth_login(detail, page_obj.login_suc_fun);
    },
    /**
     * 微信登录
     * @param {*} cb_fun 回调函数
     * @param {*} is_must_login 是否必须登录，默认: false
     */
    login: function (cb_fun, is_must_login) {
      //获取当前页面对象
      let page_obj = apiObj.getCurrentPage();

      //调用 获取用户信息 方法
      _getUserInfo(cb_fun, () => {
```

```
        //如果不是必须登录
        if (!is_must_login) {
          //执行回调函数并返回
          return cb_fun();
        }
        //隐藏加载loading（一般接口请求之前都会显示loading，这里需要先隐藏）
        apiObj.hideLoading();
         //容错处理（如果当前页面数据对象中没有user_wxlogin_view_hidden属性定义，则
显示提示框）
          if (common.getObjItem(page_obj.data, 'user_wxlogin_view_hidden')
=== null) {
          console.log('user_wxlogin_view_hidden is not exist');
          apiObj.showloginfailTip();
          return;
        }
        //更新页面数据：显示"微信授权登录"弹框
        page_obj.setData({
          user_wxlogin_view_hidden: false
        });
        //设置 微信授权登录成功 回调函数（以便登录成功后执行此回调函数）
        page_obj.login_suc_fun = cb_fun;
      });
    }
  };

  module.exports = apiObj;
```

在上述代码login()函数中，调用获取用户信息_getUserInfo()函数，如果调用失败，表明未获得“用户信息授权”，则显示“微信授权登录”弹框。当用户同意“用户信息授权”时，则会触发调用auth_login()函数，获取用户信息，并调用_do_auth_login()函数完成登录。

2.7 关键功能解析：订阅消息

本节将讲解订阅消息。通过本节内容的学习，读者可以了解订阅消息的使用，以及如何在小程序中实现相应的功能及注意事项。

2.7.1 功能说明

小程序订阅消息是2020年1月推出的功能，它解决了之前的模板消息的弊端（推送次数和时间限制），并提升了用户体验（只有获得用户同意授权，才可以给用户推送一次或永久不限次数）。在高清壁纸小程序壁纸详情页，用户点击“开启新壁纸提醒”，会显示是否允许小程序发送（默认一次）“照片新增提醒”的订阅消息（系统）授权弹框。如果选择“允许”，即可给用户发送订阅模板消息提醒。界面效果如图2.9所示。

图2.9 壁纸详情页（订阅消息－新壁纸提醒）

2.7.2　功能实现

进入/utils/wx_api.js文件中，编写相关代码如下：

```
Page({
  /**
   * 页面的初始数据
   */
  data: {
    /**
     * 当前壁纸信息
     */
    image_info: {}
  },
  /**
   * 开启新壁纸提醒
   */
  ev_open_notice: function () {
    let that = this;
    //局部常量：订阅消息id,可在小程序公众平台"订阅消息"中申请通过后查看获取
    const tmpid = '6p0WNW8WwaqwujZHBX-zk9FEChaPkFE85GIEZ4mGrDA';
    //调用wx.requestSubscribeMessage接口调起客户端小程序订阅消息界面
    wx.requestSubscribeMessage({
      //需要订阅的消息模板的id的集合，一次调用最多可订阅3条消息
      tmplIds: [tmpid],
//成功回调函数
      success(res) {
        //res是一个键值对集合（key：订阅消息id,value：授权结果、是否同意）
        //根据tmpid获取对应的值是否等于accept,是则表明：已允许
        if (res[tmpid] == 'accept') {
          wx_api.showToast("已开启", true);

          //显示加载loading
          wx_api.showLoading();
          //请求接口：记录用户开启提醒的壁纸
          util.getMyApiResult('index/open_notice', {
            id: that.data.image_info.id //当前壁纸id
          }, (res) => {
            //隐藏加载loading
            wx_api.hideLoading();
          }, null);
        }
      },
      fail(res) {
        console.log(res);
      }
    });
  }
})
```

如上述代码所示，实现比较简单。需要注意的是，wx.requestSubscribeMessage接口

必须在用户点击操作时才会被触发成功调用，即不能在页面加载onLoad等事件中调用。而且即使在点击操作事件中，也不能嵌套在其他接口中调用。比如，上面的代码，如果把wx.requestSubscribeMessage接口的调用代码，移到接口请求util.getMyApiResult()函数的成功回调函数中，是无法成功调用的。

2.8 本章小结

本章通过高清壁纸推荐小程序案例，项目框架、项目配置、所有页面和功能的讲解，带你熟悉小程序的项目框架构建和常规项目配置；学习和掌握轮播图、分类搜索导航栏及吸顶效果、列表分页加载、图片全屏显示及毛玻璃效果、图片下载和预览、激励视频广告的应用及开发、微信登录和订阅消息的实现；了解和学会：button组件的高级使用、wx.getUserInfo、wx.login、wx.request、wx.requestSubscribeMessage等接口的用法。

第3章 图片社区：两轮玩家

图片社区是比较常见的应用类型，大多都有图片浏览、点赞、分享等基本功能。本章将以两轮玩家小程序案例，一个摩托车改装图片及视频分享，社区类型的小程序系统，将其中的一些关键页面和核心功能进行具体分析及讲解，比如，图片瀑布流、列表滑动切换实现、视频接口的使用等。

学习思维导图

学习目标	关键功能解析：图片瀑布流 关键功能解析：列表滑动切换 关键功能解析：控制视频暂停
重点知识	图片瀑布流实现 列表滑动切换实现 视频上下文接口的使用
关键词	瀑布流、列表滑动切换、wx.createVideoContext

3.1 案例介绍

两轮玩家是一个摩托车改装爱好者的在线小程序社区。用户可以浏览其他用户发布的摩托车改装图片或视频，对喜欢的图片或视频可以点赞或分享。用户也可以订阅感兴趣的摩托车改装主题（标签），当主题下有新内容发布时，第一时间给用户发送专辑更新提醒。主要界面如图3.1~图3.3所示。

3.2 关键功能解析：图片瀑布流

本节将讲解图片瀑布流，主要内容包括功能分析、（实现方案一）利用图片load事件、（实现方案二）利用图片mode属性、（实现方案三）服务端获取图片尺寸、布局和功能实现。

图3.1　首页

图3.2　专题页

图3.3　详情页

3.2.1　功能说明

在两轮玩家微信小程序中，由于用户上传的摩托车改装图片及视频尺寸，尺寸大小不一。再加上这是一个图片社区，图片列表不太适合图片以统一尺寸、比较传统的形式展示。最终决定所有的图片列表都以瀑布流形式展现，页面包括首页、专题页、我的点赞。首页效果如图3.1所示。

3.2.2　功能分析

对于图片瀑布流，在网页开发中，可以通过Jquery等JavaScript插件实现。而在小程序中，在我做这个项目时，并没有找到比较好的自定义组件。于是，就只能自己想办法实现了。

开始编码之前，首先要想清楚图片瀑布流的实现要点，主要有以下三点。

- 将页面要显示列表区域，划分为等宽的若干列，每一列就相当于是一条瀑布。在两轮玩家小程序中，即为两列。
- 每列的图片宽度一致，且一般都为定宽等比显示。
- 每列虽然图片显示数量不同，但列显示高度（每列所有图片显示累计高度）不会相差太大。其原则为：列表数据加载，每一个图片在渲染时，会先判断哪一列显示高度最小，则将图片在显示高度最小列显示。

对图片瀑布流实现思路已大致确定，下面就需要考虑具体的实现方案。实现方案我尝试了三种，前面两种存在问题、不是真正可行的方案，最终采用最后一种。下面将分别讲解三种方案的实现。

3.2.3 实现方案一：利用图片 load 事件

在一个隐藏（不可见）容器中，将所有图片显示，并给图片绑定load（图片加载完成）事件。在此事件中，获取每张图片的实际尺寸；再以固定宽度，保持高宽等比，计算实际要显示的高度，并累计每列的显示高度。

简单来说就是通过图片load事件，获取图片的实际尺寸。然而，此方案并不可取，由于每个图片load事件，并不会固定按顺序执行，比如，第一张图片尺寸很大，而第二张图片尺寸很小，就会导致第二张图片load事件先被执行，最终图片实际显示顺序与预期不一致。此外，从性能角度来说，此方案会导致每张图片重复渲染，如果图片数据加载较多，会对页面性能有所影响。

此方案实现演示核心代码，布局和逻辑代码分别如下。

```
<!-- 页面布局 -->

<!-- 图片隐藏区域：用于通过图片load事件获取图片尺寸 -->
<view style="display:none">
   <image wx:for="{{images}}" wx:key="id" id="{{item.id}}" src="{{item.pic}}" bindload="ev_image_load"></image>
</view>
<!-- 瀑布流显示列表 -->
<scroll-view scroll-y="true">
  <view style="display:flex">
    <view class="image_col">
      <!-- 第一列显示 -->
      <view wx:for="{{col1}}" wx:key="id">
        <image src="{{item.pic}}" style="height:{{item.height}}px"></image>
      </view>
    </view>
    <view class="image_col">
    <!-- 第二列显示 -->
      <view wx:for="{{col2}}" wx:key="id">
        <image src="{{item.pic}}" style="height:{{item.height}}px"></image>
      </view>
    </view>
  </view>
</scroll-view>
```

逻辑代码如下。

```
/**
 * 存放（瀑布流）第一列图片的总高度
 */
let col1_height = 0;
/**
 * 存放（瀑布流）第二列图片的总高度
 */
let col2_height = 0;
/**
 * 图片显示固定宽度
```

```
 */
const image_show_width=180;

Page({
    data: {
        /**
         * 要显示的全部图片数组
         */
        images: [],
        /**
         * 第一列要显示的图片数组
         */
        col1: [],
        /**
         * 第二列要显示的图片数组
         */
        col2: []
    },
    /**
     * 页面加载完成事件
     * @param {*} e
     */
    ev_image_load: function (e) {
        //获取图片id
        let imageId = e.currentTarget.id;
        //获取图片原始宽度
        let org_img_w = e.detail.width;
        //获取图片原始高度
        let org_img_h = e.detail.height;
        //图片设置的宽度
        let imgWidth = this.data.imgWidth;
        //计算图片缩放比例
        let scale = imgWidth / org_img_w;
        //计算图片实际要显示的高度
        let imgHeight = org_img_h * scale;

        //获取要显示的图片列表
        let images = this.data.images;
        let imageObj = null;
        //遍历图片列表
        for (let i = 0; i < images.length; i++) {
            let img = images[i];
            if (img.id === imageId) {
                //根据id查找对应的图片信息
                imageObj = img;
                break;
            }
        }

        //设置图片实际要显示的高度
```

```
            imageObj.height = imgHeight;

            let col1 = this.data.col1;
            let col2 = this.data.col2;
            //判断两列显示高度，将图片追加到显示高度较小列图片数组中
            if (col1_height <= col2_height) {
                col1_height += imgHeight;
                col1.push(imageObj);
            } else {
                col2_height += imgHeight;
                col2.push(imageObj);
            }

            //更新页面数据
            this.setData({
                col1: col1,
                col2: col2
            });
        }
    })
```

3.2.4　实现方案二：利用图片 mode 属性

利用图片mode属性，即将图片mode属性设置为widthFix，实现图片定宽等比缩放显示。这样虽然比第一种方案实现简单，但问题在于：无法满足图片瀑布流实现要点的第三点要求；经测试发现，由于没有列显示高度计算及控制，最终很可能出现某列显示高度明显大于其他列，从而导致页面空白区域很大，显示效果不好。

此方案实现演示核心代码，布局代码如下。

```
    <!-- 瀑布流显示列表 -->
    <view class="images">
       <view class="image-list">
              <!-- 第一列显示 -->
              <view class="list-item" wx:for="{{list}}">
                     <!-- 只显示奇数项图片 -->
                     <block wx:if="{{index%2==0}}">
                            <image  class="img"  src="{{item.image}}"
mode="widthFix"></image>
                     </block>
              </view>
       </view>
       <view class="image-list">
              <!-- 第二列显示 -->
              <view class="list-item" wx:for="{{list}}">
                     <!-- 只显示偶数项图片 -->
                     <block wx:if="{{index%2==1}}">
                            <image  class="img"  src="{{item.image}}"
mode="widthFix"></image>
                     </block>
              </view>
```

```
    </view>
</view>
```

3.2.5 实现方案三：服务端获取图片尺寸

这种方案是第一种方案的改进版，解决用图片load事件获取图片尺寸，而最终图片显示顺序与预期不一致这一关键问题。服务端获取图片尺寸，即无论是通过系统后台或前端上传图片时，服务端都获取图片尺寸，并将图片宽度和高度值，与图片信息一并保存（到数据库中）。这样，微信小程序端在请求数据接口，获取图片列表时，就可以直接返回图片的尺寸。

看到这儿，你可能会比较好奇：既然第三种方案最优，或相对最可行，为什么还要比较费力地讲解前两种实现方案呢?

这主要是因为前两个方案虽然不太好，但它们确实是一种能实现图片瀑布流的方案，这样就给大家扩展了实现思路；也避免我们在开发瀑布流时，可能会比较盲目地选择前两种方案，能提前知道它们存在什么样的问题。

在这里，也想给大家传达一个学编程的观念：对于一个功能的实现，我们不仅要知道什么方案可行，也有必要知道什么方案不可行，以及有什么样的问题。这样，对于我们在做一些项目开发时，能够有更大的选择空间，或者是能够根据实际情况，选择相对合适的实现方案。

下面就第三种方案，分别从页面布局及功能逻辑代码实现进行具体讲解。

3.2.6 布局实现

首先进入pages/index/index.wxml文件中，开始图片瀑布流列表部分布局代码的编写，具体如下。

```
<!-- 导入列表数据为空提示模板 -->
<import src="tpl_tip_panel_view.wxml" />
<!-- 图片瀑布流列表 -->
<view class="image_list_view" style="{{list_style}}" bindtouchstart="ev_
list_touchstart" bindtouchend="ev_list_touchend">
    <view hidden="{{is_no_data}}" class="image_list">
            <view class="image_col">
                    <!-- 左侧列图片显示 -->
                    <view wx:for="{{image_left}}" wx:key="id">
                            <template is="tpl_image_show" data="{{...item}}" />
                    </view>
            </view>
            <view class="image_col">
                    <!-- 右侧列图片显示 -->
                    <view wx:for="{{image_right}}" wx:key="id">
                            <template is="tpl_image_show" data="{{...item}}" />
                    </view>
            </view>
    </view>
    <template is="tpl_tip_panel_view" data="{{...tip_panel_data}}" />
</view>

<!-- 图片项显示模板 -->
```

```
<template name="tpl_image_show">
    <image webp="true" lazy-load="true" binderror='ev_image_
error' bindtap="ev_image_view" data-id='{{id}}' data-index='{{index}}'
src="{{cover}}" style="width:{{cover_width}}px;height:{{cover_height}}px"></
image>
    <!-- 如果是视频封面图，则在左下角显示视频图标 -->
    <block wx:if="{{type}}">
        <view class="iconfont icon-bofang"></view>
    </block>
</template>
```

在上述代码中，定义并使用了“图片项显示模板”，这样可以有效简化代码，让代码看起来更简洁，也便于维护。对于模板的使用，在第9章中，进行具体的用法讲解。

其次，进入pages/index/index.wxss文件中，开始图片瀑布流列表部分样式代码的编写，具体如下。

```
/* 图片瀑布流列表样式 */
.image_list {
  display: flex;/* flex布局 */
  justify-content: space-between;/* 主轴方向两端对齐 */
  margin: 0 20rpx;/* 外间距（上下：0，左右：20rpx）*/
  width: 710rpx;/* 列表宽度 */
}
/* 图片瀑布流列表列样式 */
.image_list .image_col {
  display: flex;/* flex布局 */
  flex-direction: column;/* flex布局方向为：列，y轴为主轴方向 */
  /* 列的宽度，这个值很关键，与逻辑代码中的IMAGE_SHOW_W常量值必须一致 */
  width: 352rpx;
}
/* 图片瀑布流列表列图片容器样式 */
.image_list .image_col>view {
  width: 100%;
  position: relative;/* 相对定位 */
  margin-bottom: -2rpx;
}
/* 图片瀑布流列表列图片样式 */
.image_list .image_col>view>image {
  border-radius: 6rpx;
}
/* 图片瀑布流列表列视频图标样式 */
.image_list .image_col>view>.iconfont {
  position: absolute;/* 绝对定位 */
  left: 2rpx;
  bottom: 15rpx;
  font-size: 40rpx;
  color: #323232;
}
```

3.2.7 功能实现

进入pages/index/index.js文件中，开始图片瀑布流列表部分逻辑代码的编写，具体如下。

```
/**
 * (瀑布流) 图片显示宽度 (单位: px)
 */
const IMAGE_SHOW_W = 352 / 750 * wx.getSystemInfoSync().windowWidth;

/**
 * 存放 (瀑布流) 左侧列已显示图片的总高度
 */
var image_left_h = 0;
/**
 * 存放 (瀑布流) 右侧列已显示图片的总高度
 */
var image_right_h = 0;

Page({
  data: {
    /**
     * 要显示的全部图片数组
     */
    image_list: [],
    /**
     * 左侧列要显示的图片数组
     */
    image_left: null,
    /**
     * 右侧列要显示的图片数组
     */
    image_right: null
  },
  /**
   * 更新列表数据
   * @param {*} data 接口返回的列表数据
   */
  update_data: function (data) {
    //获取左侧列要显示的图片数组
    let image_left = this.data.image_left || [];
    //获取右侧列要显示的图片数组
    let image_right = this.data.image_right || [];
    //遍历列表数据
    for (let i = 0; i < data.length; i++) {
      //获取列表项 (图片) 信息
      let item = data[i];
      //以宽度计算图片缩放比例: (瀑布流) 图片显示宽度 除以 图片实际宽度
      let scale = IMAGE_SHOW_W / item.cover_width;
      //以缩放比例计算图片显示高度
      item.cover_height = item.cover_height * scale;
      //设置图片显示宽度
```

```
            item.cover_width = IMAGE_SHOW_W;
            //判断两列显示高度,将图片追加到显示高度较小列图片数组中
            if (image_left_h <= image_right_h) {
              image_left_h += item.cover_height;
              image_left.push(item);
            } else {
              image_right_h += item.cover_height;
              image_right.push(item);
            }
          }

          //将要显示的全部图片数组追加接口返回的列表数据
          let image_list = this.data.image_list.concat(data);
          //将要显示的全部图片数组赋值到全局数据对象中（方便跳转到图片详情页时需用）
          app.globalData.image_list = image_list;
          //构建页面要更新的数据
          var v_data = {
            image_list: image_list,
            image_left: image_left,
            image_right: image_right,
            tip_message: ""
          };
          //更新数据
          this.setData(v_data);
        }
      });
```

上述代码中，省略了请求数据接口，获取图片列表相关的代码（因接口请求代码，在其他章节案例中，有多次展示，这里不再赘述）。需要重点说明的是，全局常量IMAGE_SHOW_W：（瀑布流）图片显示宽度，实际是将布局样式代码中图片列的宽度，也即每列图片显示的宽度：352rpx，转换为后面计算需要的px单位。在微信小程序中，页面宽度固定为750rpx，那么rpx单位转换为px单位，其算法为：要转换的rpx值，除以750，得出相对比例，再乘以可使用窗口宽度。计算公式如下。

```
//rpx单位转换为px单位,计算公式
px = rpx / 750 * wx.getSystemInfoSync().windowWidth;
```

3.3　关键功能解析：列表滑动切换

本节将讲解列表滑动切换。通过本节内容的学习，读者可以了解触摸事件的使用，以及如何在小程序中利用触摸事件实现列表滑动切换。

3.3.1　功能说明

在两轮玩家小程序首页，为了方便用户，进行“推荐”和“关注”数据列表的切换，需要支持滑动列表切换显示不同类别的数据。列表切换同时，顶部tab分类选中项也要跟着一起切换，如图3.1和图3.4所示。

3.3.2 功能分析

在了解首页列表滑动切换功能需求后，经过分析，可行的实现方案主要有以下两种。

- 使用swiper组件。swiper组件是滑块视图容器，本身也具有滑动切换事件，最适合解决这种需求。其优点是：实现效果及体验很好。其缺点是：实现较为复杂，需要渲染多个数据列表（在两轮玩家小程序首页，需要两个数据列表），并且做好列表数据管理。
- 使用触摸事件。通过比对触摸开始和结束的坐标，判断是否是横向滑动，再根据移动距离的差值，判断是向左还是向右滑动，进而实现切换，展示不同分类的数据列表。优点是：只需要管理一个列表数据。缺点是：实现效果及体验，与使用swiper组件实现相比略有差距。

图3.4　首页“关注”列表

最终选择了相对能更快开发项目的方式：使用触摸事件。下面将对使用触摸事件，实现列表滑动切换，进行具体的讲解。

3.3.3 功能实现

首先，进入pages/index/index.wxml文件中，开始数据列表部分布局代码的编写，具体如下。

```
    <!-- 导入列表数据为空提示模板 -->
    <import src="tpl_tip_panel_view.wxml" />
    <!-- 图片瀑布流列表 -->
    <view class="image_list_view" style="{{list_style}}" bindtouchstart="ev_
list_touchstart" bindtouchend="ev_list_touchend">
       <view hidden="{{is_no_data}}" class="image_list">
             <view class="image_col">
                   <!-- 左侧列图片显示 -->
                   <view wx:for="{{image_left}}" wx:key="id">
                         <template is="tpl_image_show" data="{{...item}}" />
                   </view>
             </view>
             <view class="image_col">
                   <!-- 右侧列图片显示 -->
                   <view wx:for="{{image_right}}" wx:key="id">
                         <template is="tpl_image_show" data="{{...item}}" />
                   </view>
             </view>
       </view>
       <template is="tpl_tip_panel_view" data="{{...tip_panel_data}}" />
    </view>
```

在上述代码中，图片瀑布流列表，分别绑定了触摸开始（touchstart）和触摸结束（touchend）事件，它们用于捕获滑动操作开始和结束的位置坐标，便于进行数据切换。

其次，进入pages/index/index.js文件中，开始列表滑动切换相关逻辑代码的编写，具体如下。

```
Page({
  /**
   * 当前列表接口查询参数
   */
  queryData: null,
  /**
   * 当前列表接口相对url
   */
  queryUrl: null,
  /**
   * 当前列表接口请求函数
   */
  queryFun: null,
  data: {
    /**
     * 当前顶部tab分类（选中项）索引
     */
    curr_type_index: 0,
    /**
     * 顶部tab分类名称数组
     */
    type_arr: ['推荐', '关注'],
    /**
     * 要显示的全部图片数组
     */
    image_list: [],
    /**
     * 左侧列要显示的图片数组
     */
    image_left: null,
    /**
     * 右侧列要显示的图片数组
     */
    image_right: null
  },
  /**
   * tab分类数据加载
   * @param {*} type 要切换显示的分类索引
   */
  type_search: function (type) {
    //更新页面数据：当前顶部tab分类（选中项）索引
    this.setData({
      curr_type_index: type
    });
    let queryUrl = '',
      queryFun = null,
      queryData = null;
    if (type) {
```

```
          //"关注"分类数据获取，列表接口请求相关变量赋值
           queryUrl = 'material/my_material', queryFun = util.getMyApiResult,
queryData = {
            subscribed: 1
          };
        }else{
          //"推荐"分类数据获取，列表接口请求相关变量赋值
            queryUrl   =   'material/material_list',queryFun   =   util.
getIndexApiResult,queryData = null;
        }
        this.queryUrl = queryUrl;
        this.queryFun = queryFun;
        this.queryData = queryData;
        //调用获取数据列表函数（请求加载数据）
        this.default_load();
      },
      /**
       * 图片列表触摸开始事件
       * @param {*} e
       */
      ev_list_touchstart: function (e) {
        //获取开始触摸位置的坐标，并将坐标存放到页面对象属性startTouchs_info中
        this.startTouchs_info = {
          x: e.changedTouches[0].clientX,
          y: e.changedTouches[0].clientY
        }
      },
      /**
       * 图片列表触摸结束事件
       * @param {*} e
       */
      ev_list_touchend: function (e) {
        //计算触摸结束与触摸开始位置的x轴差值（即x轴的移动距离）
        let deltaX = e.changedTouches[0].clientX - this.startTouchs_info.x;
        //计算触摸结束与触摸开始位置的y轴差值（即y轴的移动距离）
        let deltaY = e.changedTouches[0].clientY - this.startTouchs_info.y;
        //计算x轴的移动距离的绝对值（即取正数）
        let deltaX_abs = Math.abs(deltaX);
         //如果x轴的移动距离大于y轴的移动距离（则表明是横向移动），并且x轴的移动距离大于
20px，则符合滑动切换的触发条件
        if (deltaX_abs > Math.abs(deltaY) && deltaX_abs > 20) {
          //计算当前tab分类索引要增加的值：如果x轴的移动距离大于0，表明是从左向右滑动，手
势意图为向左切换，即当前索引减1；否则，表明是从右向左滑动，手势意图为向右切换，即当前索引加1
          let deltaNavbarIndex = deltaX > 0 ? -1 : 1;
          //获取当前顶部tab分类（选中项）索引
          let currentNavbarShowIndex = this.data.curr_type_index;
          //根据当前tab分类索引要增加的值计算目标要切换tab分类的索引
            let   targetNavbarShowIndex   =   currentNavbarShowIndex   +
deltaNavbarIndex;
          //获取顶部tab分类名称数组长度
          let navbarLength = this.data.type_arr.length;
```

```
            //目标要切换tab分类的索引合法性效验，避免连续向左或向右滑动，导致目标索引超出范围
            if (targetNavbarShowIndex >= 0 && targetNavbarShowIndex <= navbarLength - 1) {
              //执行分类数据获取查询
              this.type_search(targetNavbarShowIndex);
            }
          }
        }
    });
```

其中，滑动切换的触发条件判断：x轴的移动距离是否大于20px，这里的数值20并不是绝对值，即可根据实际情况做调节。一般来说，此数值不能太大或太小，否则容易出现滑动切换，太迟钝或太敏感不好的用户体验。

3.4　关键功能解析：控制视频暂停

本节将讲解控制视频暂停。通过本节内容的学习，读者可以熟悉video组件的使用，以及如何在小程序中利用wx.createVideoContext接口操作对应的video组件。

3.4.1　前导知识

video是视频媒体组件，一般用于实现视频播放及弹幕显示场景。在此案例中，用于实现摩托车改装视频的在线播放。常见属性如表3.1所示。

表3.1　video组件常见属性

属性	类型	默认值	必填	说明
src	string		是	要播放视频的资源地址，支持网络路径、本地临时路径、云文件ID（2.3.0）
controls	boolean	TRUE	否	是否显示默认播放控件（播放/暂停按钮、播放进度、时间）
autoplay	boolean	FALSE	否	是否自动播放
enable-progress-gesture	boolean	TRUE	否	是否开启控制进度的手势
object-fit	string	contain	否	当视频大小与video容器大小不一致时，视频的表现形式
poster	string		否	视频封面的图片网络资源地址或云文件ID（2.3.0）。若controls属性值为false则设置poster无效
title	string		否	视频的标题，全屏时在顶部展示
enable-play-gesture	boolean	FALSE	否	是否开启播放手势，即双击切换播放/暂停

3.4.2 功能说明

图3.5 摩托车改装详情页

在两轮玩家小程序，摩托车改装详情页，使用swiper组件实现图片和视频可滑动切换。有一种情况需要考虑，当浏览摩托车改装视频并处于播放，进行切换时，需要将视频暂停。否则会出现：已切换到另外一个改装图片或视频，上一个视频却还在播放，或可能出现多个视频都在播放的情况，效果如图3.5所示。

3.4.3 功能分析

在了解摩托车改装详情页功能需求后，如何控制视频暂停就成了解决问题的关键。在微信小程序，提供了视频上下文（VideoContext）相关接口，可以很方便地进行视频播放、暂停和停止等操作。

什么是视频上下文（VideoContext）以及如何获取呢？简单来说，视频上下文（VideoContext）就是通过wx.createVideoContext接口获取，其接口参数为video组件的id。通过视频上下文（VideoContext），可以操作对应的video组件。

3.4.4 功能实现

首先，进入pages/image_view/image_view.wxml文件中，开始相关布局代码的编写，具体如下。

```
<!-- 摩托改装图片和视频可滑动切换区域 -->
    <swiper indicator-dots="{{indicatorDots}}" bindchange='ev_swiper_change' current="{{list_index}}" autoplay="{{autoplay}}" interval="{{interval}}" duration="{{duration}}" circular="true">
        <block wx:for="{{image_list}}" wx:key="id">
            <swiper-item>
                <image webp="true" lazy-load="true" mode="widthFix" wx:if='{{!item.type}}' src="{{item.url}}" class="material" />
                <block wx:else>
                    <!-- 视频显示 -->
                    <video id="video_{{index}}" binderror="ev_video_error" class="material" src="{{item.url}}" objectFit="contain" enable-play-gesture="{{true}}" enable-progress-gesture="{{false}}" controls="{{true}}"></video>
                </block>
            </swiper-item>
        </block>
    </swiper>
```

在上述代码中，video组件绑定设置了id属性，便于在代码中调用wx.createVideoContext接口，获取此视频上下文（VideoContext），并控制视频暂停。其中，enable-progress-gesture属性设置为false，这个很关键且必须。

通过表3.1知道，enable-progress-gesture属性为是否开启控制进度的手势，其默认值为true，即默认支持手势控制进度。如果不将其设置为false，即不关闭控制进度的手势，因滑动切换（视频）时，会不自觉（并没有意识到）也同时滑动切换了视频进度，从而导致通过视频上下文（VideoContext）无法暂停视频。原因深入解析，可以理解为：因视频进度改变，一般会延迟1~2秒，跳到指定进度位置继续播放；而暂停视频的代码执行，可能刚好处在延迟1~2秒的阶段，所以导致视频并没有暂停成功。对于这一点，一定要注意。

其次，进入pages/image_view/image_view.js文件中，开始相关逻辑代码的编写，具体如下。

```
Page({
  /**
   * 页面的初始数据
   */
  data: {
    /**
     * 摩托车改装（图片或视频）素材列表
     */
    image_list: [],
    /**
     * 当前展示素材（图片或视频）项索引
     */
    list_index: 0
  },
  /**
   * swiper项（图片或视频）滑动切换事件
   */
  ev_swiper_change: function (e) {
    //获取列表
    let image_list=this.data.image_list;
    //获取切换之前的项
    let prev_index=this.data.list_index;
    //从列表中获取切换之前的项信息
    let prev_item=image_list[prev_index];
    if(prev_item.type){
        //如果是视频，则调用wx.createVideoContext接口获取，切换之前的视频上下文
(VideoContext)
      var video_ct = wx.createVideoContext('video_' + prev_index);
      //暂停视频
      video_ct.pause();
    }
  }
})
```

3.5　本章小结

本章通过两轮玩家小程序项目中关键功能的讲解，带你学习和掌握图片瀑布流、列表滑动切换、通过视频上下文控制视频的功能及效果的实现；了解和学会video组件、wx.createVideoContext接口的用法。

第4章

信息查询：IOS降级查询

信息查询是比较常规和使用广泛的应用类型，本章将以IOS降级查询小程序案例，就其中一些关键页面和重要功能的实现进行讲解，带你学习页面实现技巧及高级功能开发。

学习思维导图

学习目标	首页：布局及功能实现、获取系统信息 设备升降级列表页：页面实现、剪贴板复制功能实现 关键功能解析：列表滑动取消提醒
重点知识	scroll-view组件 image组件 剪贴板API
关键词	列表滑动取消、image、scroll-view、wx.setClipboardData、wx.getSystemInfoSync

4.1 案例介绍

iOS降级查询小程序，提供iPhone、iPad、iPod和Apple TV苹果设备，各种型号设备的iOS升降级通道的信息查询，如通道是否可用、更新时间、iOS系统版本、系统升降级包大小，并可复制获取通道链接。用户可以订阅设备的升降级提醒，当有新的升降级通道更新时，用户将会第一时间收到公众号提醒。

4.2 首页

本节将讲解iOS降级查询小程序首页的开发，功能点包括布局实现、页面数据加载和获取系统信息。通过本节内容的学习，读者可以学会image组件的使用，熟悉图片裁剪、缩放模式，以及如何在小程序中实现比较复杂的页面布局。

4.2.1　前导知识

image是媒体组件，用于图片展示，支持 JPG、PNG、SVG、WEBP、GIF 等格式。常见属性如表4.1所示。

表4.1　image组件常见属性

属性	类型	默认值	必填	说明
src	string		否	图片资源地址
mode	string	scaleToFill	否	图片裁剪、缩放的模式
webp	boolean	FALSE	否	默认不解析 webP 格式，只支持网络资源
lazy-load	boolean	FALSE	否	图片懒加载，在即将进入一定范围（上下三屏）时才开始加载

在表4.1中，mode属性一般用于实现图片裁剪或缩放，常用取值如表4.2所示。

表4.2　mode常用取值

值	说明	特点
scaleToFill	缩放模式，不保持纵横比缩放图片，使图片的宽高完全拉伸至填满 image 元素	非等比缩放、拉伸填充
aspectFit	缩放模式，保持纵横比缩放图片，使图片的长边能完全显示出来。也就是说，可以完整地将图片显示出来	等比缩放、长边可完整显示
aspectFill	缩放模式，保持纵横比缩放图片，只保证图片的短边能完全显示出来。也就是说，图片通常只在水平或垂直方向是完整的，另一个方向将会发生截取	等比缩放、短边可完整显示
widthFix	缩放模式，宽度不变，高度自动变化，保持原图宽高比不变	定宽等比缩放
heightFix	缩放模式，高度不变，宽度自动变化，保持原图宽高比不变	定高等比缩放

4.2.2　功能说明

在小程序首页，需要展示苹果设备类型，用户点击设备类型，可跳转到“设备型号列表页面”。页面底部显示导航菜单，方便用户跳转到“我的提醒页面”，查看添加升降级提醒的设备型号，如图4.1所示。

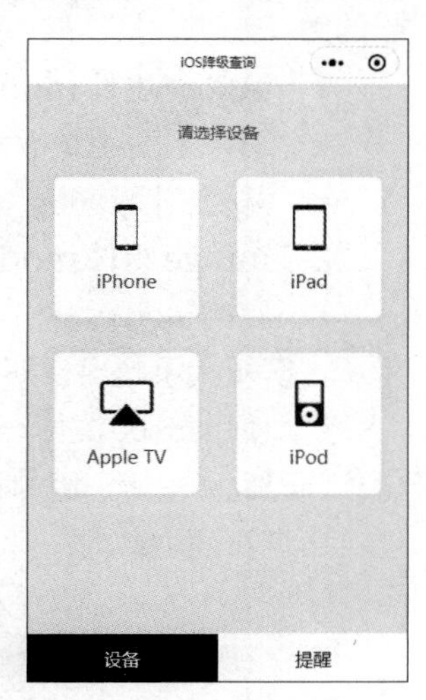

图4.1　首页

4.2.3　布局实现

下面开始编写页面结构和样式，首先在pages/index/index.wxml文件中编写页面的结构代码，具体如下。

```
<!--index.wxml-->
<!-- 页面容器 -->
<view class="pageContainer">
  <!-- 文本提示区域 -->
```

```
    <text class='tip_title'>请选择设备</text>
    <!-- 苹果设备展示区域 -->
    <view class='flex flex-wrap main_box'>
      <block wx:for="{{data_list}}" wx:key="id" wx:for-item="item">
          <view class='item_box' data-id='{{item.id}}' bindtap='ev_
toproversion'>
        <view class='img_view'>
          <image src='../../images/{{item.name}}.png' mode='aspectFit'></image>
        </view>
        <text class='txt_view'>{{item.show_name}}</text>
      </view>
      </block>
    </view>
    <!-- 导航菜单区域 -->
    <view class='btn_view flex'>
      <text class='on'>设备</text>
      <text class='off' bindtap='ev_tosubscribe'>提醒</text>
    </view>
  </view>
```

在上述代码中，根据图4.1将页面从上到下划分为文本提示区域、苹果设备展示区域和导航菜单区域。页面布局代码编写的前提是：对页面进行合理的区域划分，且由大到小，直至拆分为最小的区域或单元。

其中，设备图片展示用的是image组件，mode属性值为aspectFit，对照表4.2，可以实现等比缩放且保证图片长边能完整显示。能否设置其他的属性值呢？可以的，根据图4.1，可看出设备图片高度是一样的，这样才能确保比较好的显示效果。mode属性值用heightFix定高等比缩放，也可以实现且相对更适合。

看到这儿，你可能会觉得，image组件mode属性实在是太强大、好用了，是不是所有图片显示都应该使用mode属性？建议要根据实际情况，有选择、有针对性地使用mode属性。为了让大家更容易理解这段话，将从image组件mode属性的使用场景和注意事项，这两方面做进一步的解释说明，具体如下。

1．image组件mode属性的使用场景

- 适用于图片显示大小不固定。
- 需要将图片进行裁剪或缩放的图片显示。

2．image组件mode属性的注意事项

- 使用mode属性在某些情况下，可能会增加页面布局样式的复杂度，比如，图片实际显示所占区域大小超出预期，导致页面错乱等。
- 使用mode属性一般建议加上图片最大尺寸限制，可以有效解决图片可能出现超出显示问题；同时也能规避，因为image组件有默认大小（width和height）样式，如果不加尺寸限制，可能会出现页面加载时图片显示由大变小，即先按image组件默认样式渲染，等根据mode属性设置，计算出实际要缩放显示的图片尺寸，再重新进行图片渲染，影响用户体验和页面效果。

其次在pages/index/index.wxss文件中，编写首页的样式代码，具体如下。

```
  /**index.wxss**/
  /* 页面容器样式 */
```

```
.pageContainer {
  padding-top: 74rpx;/* 上内间距 */
  display: flex;/* 布局方式: flex */
  flex-direction: column;/* 垂直方向y轴为主轴 */
  height: 100%;/* 高度设定 */
  align-items: center;/* 交叉轴x轴水平方向: 居中对齐 */
  justify-content: flex-start;/* 主轴方向: 以顶部开始位置对齐 */
  box-sizing: border-box;
}
/* 文本提示区域样式 */
.tip_title {
  font-size: 32rpx;
  color: #363636;
}
/* 苹果设备展示区域样式 */
.main_box {
  padding: 0px 54rpx;/* 内间距（上下: 0px,左右: 54rpx）*/
  justify-content: space-between;/* 主轴x轴方向: 两端对齐 */
}
/* 苹果设备展示区域设备菜单项样式 */
.main_box .item_box {
  height: 280rpx;
  width: 280rpx;
  background-color: #fff;
  border: 2rpx solid #f7f9fc;/* 边框样式 */
  border-radius: 12rpx;
  display: flex;
  flex-direction: column;
  align-items: center;
  margin-top: 70rpx;
  box-shadow: 0px 0px 20rpx 4rpx #DDDDDD;/* 边框阴影样式 */
}
/* 苹果设备展示区域设备菜单项图片容器样式 */
.item_box .img_view {
margin: 54rpx 0px 38rpx;
}
/* 苹果设备展示区域设备菜单项图片样式 */
.item_box .img_view image {
  max-height: 92rpx;/* 最大高度 */
max-width: 180rpx;/* 最大宽度 */
}
/* 苹果设备展示区域设备菜单项文本样式 */
.item_box .txt_view {
  font-size: 36rpx;
  color: #333333;
  margin-bottom: 60rpx;
}
```

上述代码，在设备菜单项图片样式中，设置了图片的最大高度（max-height）和最大宽度（max-width），以限制图片显示的最大尺寸，从而规避image组件mode属性的注意事项。

4.2.4 页面数据加载

进入pages/index/index.js文件中，编写页面加载及数据请求相关代码，具体如下。

```
Page({
  /**
   * 页面数据
   */
  data: {
    /**
     * 设备列表信息
     */
    data_list: []
  },
  /**
   * 页面加载事件
   * @param {*} options
   */
  onLoad: function (options) {
    console.log(options);
    var that = this;
    //获取设备列表信息
    util.getIndexApiResult('equipments', null, (res) => {
      if (!res.result || !res.data) {
        wx_api.showModal_tip(wx_api.nodata_tip, this);
        return;
      }
  //更新页面数据
      that.setData({
        data_list: res.data
      });
    });

    //获取来源类型，如果是从"我的订阅"等页面跳转过来，则不执行设备检测，否则，(直接访问小程序)需进行设备检测
    var from_type = com.getObjItem(options, 'from_type');
    if (!from_type){
      this._get_pro_versionid();
    }
  }
});
```

在上述代码onload事件中，请求接口获取设备列表信息。并根据访问来源判断，即页面参数from_type，如果为空，则表示是直接访问进入小程序。此时需获取用户手机系统信息，进行设备检测，是iPhone6还是iPhone11，并跳转到设备升降级通道列表页面。

4.2.5 获取系统信息

进入pages/index/index.js文件中，编写_get_pro_versionid()函数，用于实现获取系统信息、并根据设备信息获取对应的产品型号id，具体代码如下。

```
//index.js
//获取应用实例
const app = getApp();
const util = require("../../utils/util.js");
const com = require("../../utils/common.js");
const wx_api = require("../../utils/wx_api.js");
const storage = require("../../utils/storage.js");
Page({
  /**
   * 根据设备信息获取对应的产品型号id
   */
  _get_pro_versionid:function(){
    wx_api.showLoading('验证设备中');
    let equipment_info = storage.getsysinfo();
    let com_fun = () => {
      wx_api.hideLoading();
    };
    util.getIndexApiResult('get_pro_versionid', equipment_info, (res) => {
      com_fun();
      if (res.result == 1) {
        //如果获取到产品型号id,则跳转到对应型号的升降级通道页面
        wx.navigateTo({
          url: '../sjjchannel/sjjchannel?id=' + res.message
        });
        return;
      }
    }, com_fun, false, 'post');
  }
});
```

在上述代码中，获取设备信息调用的是getsysinfo()函数，该函数在utils/storage.js文件定义，代码如下。

```
//utils/storage.js
/**
 * 系统设备信息
 */
const KEY_SystemInfo = 'SystemInfo';

var obj = {
  /**
 * 获取系统设备缓存信息
 */
  getsysinfo: function () {
    var info = wx.getStorageSync(KEY_SystemInfo);
    if (!info) {
      info = wx.getSystemInfoSync();
      wx.setStorageSync(KEY_SystemInfo, info);
    }
    return info;
  }
```

```
    }

    module.exports = obj;
```

之所以将代码封装到这个文件中，当时是为了方便在不同页面调用，也考虑尽可能降低每次调用获取系统设备信息API，带来的性能开销（实际上性能开销应该几乎为0，可以忽略），且设备信息基本上是固定不变的，于是，将其存放在缓存中。

其中，获取系统设备信息调用的是wx.getSystemInfoSync接口，它是wx.getSystemInfo接口的同步版本，其用法很简单，直接返回系统信息对象（Object），常用返回值如表4.3所示。

表4.3　常用返回值

属性	类型	说明
brand	string	设备品牌
model	string	设备型号
pixelRatio	number	设备像素比
screenWidth	number	屏幕宽度，单位px
screenHeight	number	屏幕高度，单位px
language	string	微信设置的语言
version	string	微信版本号
system	string	操作系统及版本
platform	string	客户端平台

4.3　设备升降级列表页

本节将讲解设备升降级列表页的开发，功能点包括布局实现、页面数据加载和剪贴板实现复制文本。通过本节内容的学习，读者可以学会scroll-view组件的使用，熟悉scroll-view组件的使用场景和注意事项。

4.3.1　前导知识

1. scroll-view组件

scroll-view是可滚动视图容器，一般用于需要滚动显示的区域。常见属性如表4.4所示。

表4.4　常见属性表

属性	类型	默认值	必填	说明
scroll-x	boolean	FALSE	否	允许横向滚动
scroll-y	boolean	FALSE	否	允许纵向滚动
upper-threshold	number/string	50	否	距顶部/左侧多远时，触发 scrolltoupper 事件
lower-threshold	number/string	50	否	距底部/右侧多远时，触发 scrolltolower 事件
scroll-top	number/string		否	设置竖向滚动条位置
scroll-left	number/string		否	设置横向滚动条位置
enable-back-to-top	boolean	FALSE	否	iOS 点击顶部状态栏、安卓双击标题栏时，滚动条返回顶部，只支持竖向
bindscrolltoupper	eventhandle		否	滚动到顶部/左侧时触发
bindscrolltolower	eventhandle		否	滚动到底部/右侧时触发

2．scroll-view组件的使用注意事项

- 如表4.4所示，scroll-x和scroll-y属性必须要（至少）设置一个。
- 当使用纵向滚动时，即scroll-y属性值为true，则必须要给scroll-view一个固定高度，通过 WXSS 设置 height。

3．scroll-view组件的使用场景

- 需要滚动的显示区域。
- 固定高度，且此（显示区域）的高度不需要根据其他组件的高度计算获得，可以直接设置此区域的高度值。关于这一点，你可能会感觉不太好理解，在下面的功能实现讲解中，将结合代码和具体的使用，做进一步的说明。

注意：非以上场景不建议使用，否则可能会增加实现复杂度。

4.3.2　功能说明

在设备升降级列表页，需要展示指定设备型号的升降级通道列表信息。页面从上到下依次为：设备信息固定顶部显示区域、升降级列表和固定停靠在页面右下方的添加提醒图片按钮，如图4.2所示。

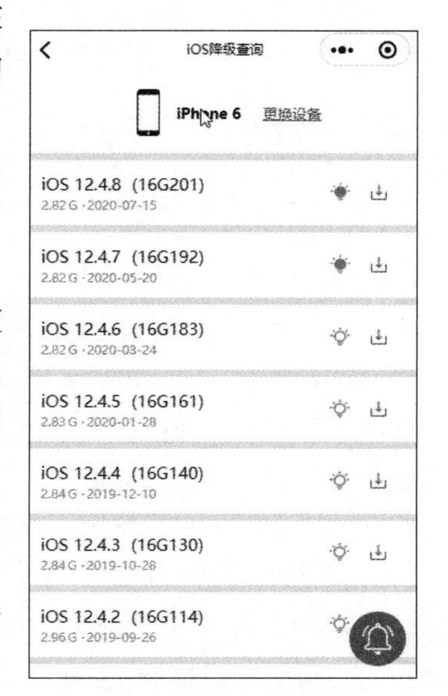

图4.2　设备升降级列表页

4.3.3　布局实现

下面开始编写页面结构和样式，首先在pages/sjjchannel/sjjchannel.wxml文件中编写页面的结构代码，具体如下。

```
    <view class="pageContainer">
      <!-- 顶部信息显示区域 -->
      <view class='top_view flex' wx:if="{{top_info}}">
        <image src='../../images/{{top_info.eq_name}}.png' mode='aspectFit'></
image>
        <text class='pro_name'>{{top_info.product_name}}</text>
          <navigator open-type="reLaunch" class='link_btn' url='../index/
index?from_type=1'>
        更换设备
        </navigator>
      </view>
      <!-- 升降级列表区域 -->
       <scroll-view class='data_list' hidden='{{is_no_data}}' scroll-y="true"
style="height:{{scroll_height}};"  enable-back-to-top="true">
        <block wx:for="{{data_list}}" wx:key="id" wx:for-item="item">
          <view class='flex list_item'>
            <view class='text_view flex-col'>
               <view class='name'>iOS {{item.firmwares_version}}<text>({{item.
firmwares_build}})</text></view>
                  <view class='info'>{{item.firmwares_size_GB}}<text>G</
text><text>·</text>{{item.firmwares_started}}</view>
            </view>
            <view class='img_view flex'>
                 <image class='light' src="../../images/light{{item.firmwares_
signed?'_on':''}}.png"></image>
                  <view class='download' data-url='{{item.firmwares_url}}'
bindtap='ev_download'>
                 <image src='../../images/download.png'></image>
              </view>
            </view>
          </view>
        </block>
        <view class='list_item_empty'>
        </view>
      </scroll-view>
    </view>
    <!-- 添加提醒图片按钮 -->
    <image class='notice_img' src="../../images/notice{{top_info.is_
subscribed?'_on':''}}.png" bindtap='ev_noticeornot'></image>
```

在上述代码中，升降级列表区域用的是scroll-view组件，这是合适的实现方式吗？答案可以对照前面的“scroll-view组件的使用场景”进行核对。这里显示的是列表，自然属于需要滚动的显示区域。我们再看看它实际要设置的高度，由于它占据了顶部信息显示区域以外，所有的页面可视区域，其高度应等于“页面高度减去顶部信息显示区域的高度”。这一点就不满足“scroll-view（显示区域）的高度不需要根据其他组件的高度计算获得”这一要求。经过分析，可以很清晰地得出：这并不是合适的实现方式。而实际上，在这个项目之后，最近一年多的项目开发中，页面列表我都没有再用过scroll-view实现；如果需要下拉刷新和上滑加载更多（分页），直接用页面的相关事件实现即可。

其次在pages/sjjchannel/sjjchannel.wxss文件中，编写页面的样式代码，具体如下。

```
/* 顶部信息显示区域样式 */
.top_view {
  height: 160rpx;
  justify-content: center;
  align-items: center;
  width: 100%;
  background-color: #fff;
  position: fixed;/* 固定停靠定位 */
  top: 0px;
}

/* 顶部信息显示区域：设备名称样式 */
.top_view .pro_name {
  font-weight: 600;
  font-size: 28rpx;
  color: #000;
  margin-left: 16rpx;
  margin-right: 42rpx;
}

/* 顶部信息显示区域：设备切换按钮样式 */
.top_view .link_btn {
  font-size: 28rpx;
  color: #4b5bcf;
  text-decoration: underline;/* 文本显示下画线 */
}

/* 顶部信息显示区域：设备图片样式 */
.top_view image {
  max-height: 92rpx;
  min-height: 67rpx;
  height: 100%;
  max-width: 77rpx;
  min-width: 49rpx;
}

/* 升降级列表区域列表项样式 */
.pageContainer .list_item {
  margin-top: 14rpx;
  background-color: #fff;
  width: 100%;
  justify-content: space-between;
  align-items: center;
  height: 128rpx;
}

/* 升降级列表区域列表项左侧文本样式 */
.list_item .text_view {
  margin-left: 24rpx;
```

```
}

.list_item .text_view .name {
  font-size: 33rpx;
  color: #000;
}

.list_item .text_view .name text {
  margin-left: 20rpx;
}
/* 升降级列表区域列表项左侧信息样式 */
.list_item .text_view .info {
  font-size: 24rpx;
  color: rgb(153, 153, 153);
  margin-top: 4rpx;
}

.list_item .text_view .info text {
  margin: 0px 4rpx;
}
/* 升降级列表区域列表项右侧图标区域样式 */
.list_item .img_view {
  margin-right: 48rpx;
  align-items: center;
}

.list_item .img_view .light {
  width: 38rpx;
  height: 36rpx;
  margin-right: 24rpx;
  margin-bottom: 4rpx;
}

.list_item .img_view .download {
  padding: 4rpx 16rpx;
}

.list_item .img_view .download image {
  width: 31rpx;
  height: 31rpx;
}
/* 添加提醒图片按钮样式 */
.notice_img {
  position: fixed;/* 固定停靠定位 */
  bottom: 35rpx;/* 距离底部的位置 */
  right: 27rpx;/* 距离右侧的位置 */
  width: 108rpx;
  height: 108rpx;
}
```

4.3.4　页面数据加载

进入pages/sjjchannel/sjjchannel.js文件中，编写页面加载及数据请求相关代码，具体如下。

```
Page({
  /**
   * 页面的初始数据
   */
  data: {
    /**
     * 升降级列表
     */
    data_list: [],
    /**
     * 顶部设备信息
     */
    top_info: null,
    /**
     * scroll-view显示高度
     */
    scroll_height: '100%'
  },
  /**
   * 生命周期函数--监听页面加载
   */
  onLoad: function (options) {
    //获取页面参数：设备id
    var id = com.getObjItem(options, 'id');
    if (!id) {
      //如果设备id为空，则跳转到首页
      wx.redirectTo({
        url: '../index/index'
      });
      return;
    }
    //存放当前设备id
    this.pvid = id;

    wx_api.showLoading();
    let com_fun = () => {
      wx_api.hideLoading();
    };
    var that = this;
    //请求接口，获取列表数据
    util.getIndexApiResult('sjjchannels', {
      pvid: id
    }, (res) => {
      com_fun();
      console.log(res);
      if (res.result && res.message) {
        //显示 顶部 信息
```

```
          that.setData({
            top_info: res.message
          });
        }
        //请求失败 或 没有获取到数据，显示错误提示
        if (!res.result || !res.data) {
            var tip = (!res.result && res.message) ? res.message : wx_api.
nodata_tip;
          wx_api.showModal_tip(tip, that);
          return;
        }
        //计算scroll-view显示高度，getPartWinHeight函数实质就是：获取当前页面高度-
顶部区域高度160=scroll-view显示高度
        var show_height = util.getPartWinHeight(160) + 'px';
        var data = res.data;
        if (data.length) {
          console.log('更新数据');
          var v_data = {
            scroll_height: show_height,
            data_list: data
          };
          //更新页面数据
          that.setData(v_data);
          return;
        }
    }
  })
```

4.3.5 剪贴板实现复制文本

进入pages/sjjchannel/sjjchannel.js文件中，编写ev_download()函数，用于实现复制点击的升降级通道安装包下载地址，具体代码如下。

```
  Page({
    /**
     * 安装包下载 事件，复制安装包下载地址
     */
    ev_download: function (e) {
      //将当前页面对象存放到临时变量中（由于js中this关键字，在不同的代码作用域中代表不
同的对象，避免直接使用this出现错乱）
      let that = this;
      //从当前触发事件组件自定义数据中，获取当前点击要下载升降级通道的安装包下载地址
      let url = e.currentTarget.dataset.url;
      //调用复制文本函数
      that._copy_text(url, () => {
        console.log("复制成功");
  });
    },
    /**
     * 复制文本
     * @param {string} data 要复制的文本
```

```
    * @param {*} cb_fun 复制成功回调函数
    */
  _copy_text: function (data, cb_fun) {
    //设置系统剪贴板内容
    wx.setClipboardData({
      data: data,//设置要复制的文本
      success: function (res) {
        console.log(res);
        cb_fun && cb_fun();
      },
      fail: function (res) {
        wx_api.showToast('复制到剪切板失败');
      }
    });
  }
})
```

在上述代码中，复制文本实质调用的是wx.setClipboardData接口，它用于设置系统剪贴板的内容。调用成功后，会（系统默认、自动）弹出“内容已复制”的toast提示，持续1.5s。

4.4　关键功能解析：列表滑动取消

本节将讲解列表滑动取消。通过本节内容的学习，读者可以学会touchstart、touchmove和touchend事件的使用，以及如何在小程序中利用触摸事件实现列表滑动取消的功能。

4.4.1　功能说明

在“我的提醒”列表页，用户可以从右向左滑动列表项，进行取消设备升降级提醒操作，如图4.3所示。

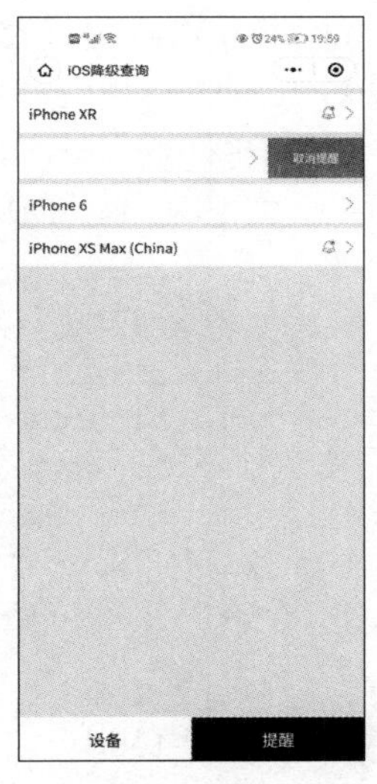

图4.3　我的提醒列表页

4.4.2　布局实现

下面开始编写页面结构和样式，首先在pages/mysubscribe/mysubscribe.wxml文件中编写页面的结构代码，具体如下。

```
<view class="pageContainer">
    <scroll-view class='data_list' hidden='{{is_no_data}}' scroll-y="true" style="height:{{scroll_height}};" bindscrolltoupper="pullDownRefresh" bindscrolltolower="pullUpLoad" lower-threshold="50" enable-back-to-top="true">
            <view class='flex list_item' wx:for="{{data_list}}" wx:for-item="item" wx:key="product_version_id" data-index="{{index}}" bindtouchstart="ev_touchStart" bindtouchmove="ev_touchMove" bindtouchend="ev_touchEnd" style="right:{{item.style_right}}px">
                <navigator class='flex item_navbox' url="../sjjchannel/sjjchannel?id={{item.product_version_id}}">
                        <text>{{item.product_name}}</text>
```

```
                        <view class='img_view flex'>
                            <image wx:if="{{!item.notice_islooked}}"
class='tip' src='../../images/cat.png'></image>
                            <image class='jump' src='../../images/btn_
jump.png'></image>
                        </view>
                    </navigator>
                    <view class="remove" data-index="{{index}}" bindtap='ev_
remove_item'>
                        <view>取消提醒</view>
                    </view>
                </view>
            </scroll-view>
    </view>
```

在上述代码中，列表展示用的是scroll-view组件，具体相关属性的用法和说明，可参见表4.4。这里要讲的重点是：实现列表滑动取消的布局要素。可以把它想象成一个抽屉，其滑动就如同推拉抽屉一样，随着滑动，红色取消提醒操作按钮，会随之逐渐显示或隐藏。

既然是滑动，肯定与触摸事件有关，需要在滑动开始、滑动中和滑动结束事件中，进行记录开始滑动位置、滑动距离判断并显示相应的效果，因此，可以看到列表项上绑定了touchstart、touchmove和touchend事件。

结合样式代码，能更好地理解上面所说的实现原理。进入pages/mysubscribe/mysubscribe.wxss文件中，编写相关样式，具体代码如下。

```
/* pages/mysubscribe/mysubscribe.wxss */
/* 列表项样式 */
.pageContainer .list_item{
  width: 100%;
  margin-top: 14rpx;
  height: 88rpx;
  /* 相对定位,子元素如果要使用"绝对定位",则父元素一定要指定定位方式: 一般为相对定位 */
  position: relative;
}
/* 列表容器样式 */
.data_list{
  padding-bottom: 0px;
}
/* 列表项navigator组件容器样式 */
.list_item .item_navbox{
  flex: 1;/* 占据父元素的比例为100%,类似于width: 100% */
  background-color: #fff;
  justify-content: space-between;/* 主轴x轴水平方向: 两端对齐 */
  align-items: center;/* 交叉轴y轴方向: 居中对齐 */
}
/* 列表项文本样式 */
.list_item text{
  font-size: 33rpx;
  color: #000000;
  margin-left: 24rpx;
```

```
}
/* 列表项图标显示区域样式 */
.list_item .img_view {
  margin-right: 24rpx;
  align-items: center;
}
/* 列表项新提醒图标样式 */
.list_item .img_view .tip{
  width: 28rpx;
  height: 31rpx;
  margin-right: 24rpx;
}
/* 列表项右箭头图标样式 */
.list_item .img_view .jump{
  width: 17rpx;
  height: 31rpx;
}
/* 列表项取消提醒区域样式 */
.list_item .remove{
    width: 100px;/* 宽度，此数值必须与right属性值一致 */
    height: 100%;
    background-color: #FF3931;
    position: absolute;/* 绝对定位 */
    top: 0;/* 距离顶部位置 */
    /* 距离右侧位置，此数值与逻辑代码中的最大滑动距离（TOUCH_MAXRIGHT）必须一致 */
    right: -100px;
    display: flex;
    justify-content: center;
    align-items: center;
    color: #fff;
    font-size: 26rpx;
}
```

上面的代码比较多，只需把一个点理解清楚即可，就是列表项（父容器）距离右侧位置（默认相当于0），即为列表项取消区域的开始坐标位置。

4.4.3　功能实现

在pages/mysubscribe/mysubscribe.js文件中，编写列表滑动取消相关逻辑代码，具体如下。

```
/**
 * 当前触摸项的触摸开始位置x轴坐标
 */
var touch_startX;
/**
 *（常量）最大移动距离
 */
const TOUCH_MAXRIGHT = 100;
/**
 *（常量）开始移动距离
 */
```

```
const TOUCH_STARTRIGHT = 0;

Page({
  /**
  * 当前触摸项的索引
  */
  curr_touched_itemindex: null,
  data: {
    scroll_height: '100%',
    data_list: []
  },
  /**
   * 获取当前触摸组件对应列表项的索引
   * @param {*} e
   */
  _get_itemindex: function (e) {
    //获取当前触摸组件的自定义数据：列表索引
    var itemindex = e.currentTarget.dataset.index;
    return parseInt(itemindex);
  },
  /**
   * 触摸开始事件
   */
  ev_touchStart: function (e) {
    console.log("ev_touchStart");
    //获取当前触摸组件对应列表项的索引
    var itemindex = this._get_itemindex(e);
      console.log(itemindex + " ---- ev_touchStart  ---" + this.curr_
touched_itemindex);
      //判断当前触摸项索引与页面对象中存放的触摸项索引是否一致，否，则说明存在已滑动的
项，将其复位，还原为初始状态
      if (this.curr_touched_itemindex !== null && this.curr_touched_
itemindex != itemindex) {
      var data_list = this.data.data_list;
      //从数据列表中获取（上一个）触摸项的信息
      var data_item = data_list[this.curr_touched_itemindex];
      //判断是否是默认（未滑动）状态，否，则将其还原为默认状态
      if (data_item.style_right != TOUCH_STARTRIGHT) {
        data_item.style_right = TOUCH_STARTRIGHT;
        //更新页面列表数据
        this.setData({
          data_list: data_list
        });
      }
    }
    //获取当前触摸信息
    var touch = e.touches[0];
    //存放当前触摸项的触摸开始位置x轴坐标
    touch_startX = touch.clientX;
    //存放当前触摸项的索引
    this.curr_touched_itemindex = itemindex;
```

```
    },
    /**
     * 触摸结束事件
     */
    ev_touchEnd: function (e) {
      console.log("ev_touchEnd");
      //获取当前触摸组件对应列表项的索引
      var itemindex = this._get_itemindex(e);
      //判断当前触摸项索引与页面对象中存放的触摸项索引是否一致，否，说明滑动已偏移到其他位置、非当前触摸项，则跳出此函数
      if (this.curr_touched_itemindex !== null && this.curr_touched_itemindex != itemindex) {
        return;
      }
      var data_list = this.data.data_list;
      //获取当前触摸项信息
      var data_item = data_list[itemindex];
      //判断滑动（右侧）距离是否大于默认值，是，则进行判断处理
      if (data_item.style_right > TOUCH_STARTRIGHT) {
        //判断滑动（右侧）距离是否超过可滑动最大距离的二分之一
        if (data_item.style_right <= TOUCH_MAXRIGHT / 2) {
          //未超过，则复位，还原为默认值
          data_item.style_right = TOUCH_STARTRIGHT;
        } else {
          //超过二分之一，则滑动（右侧）距离设置为可滑动最大距离，即显示 取消按钮
          data_item.style_right = TOUCH_MAXRIGHT;
        }
        //更新页面列表数据
        this.setData({
          data_list: data_list
        });
      }
    },
    /**
     * 触摸移动事件
     */
    ev_touchMove: function (e) {
      //获取当前触摸组件对应列表项的索引
      var itemindex = this._get_itemindex(e);
      //判断当前触摸项索引与页面对象中存放的触摸项索引是否一致，否，说明滑动已偏移到其他位置、非当前触摸项，则跳出此函数
      if (this.curr_touched_itemindex !== null && this.curr_touched_itemindex != itemindex) {
        return;
      }
      //获取当前触摸信息
      var touch = e.touches[0];
      //存放当前触摸项的触摸结束位置x轴坐标
      touch_endX = touch.clientX;
      console.log("touch_startX=" + touch_startX + " touch_endX=" + touch_endX);
      //如果开始和结束位置x轴坐标相同，则算为无效滑动，跳出此函数
```

```
        if (touch_endX == touch_startX){
          return;
        }

        var data_list = this.data.data_list;
        //获取当前触摸项信息
        var data_item = data_list[itemindex];
        //获取滑动（右侧）距离
        var style_right = data_item.style_right;
        //计算从开始到结束的滑动距离（变化值）
        var change = touch_startX - touch_endX;
        //将原滑动（右侧）距离 加上 变化值
        style_right += change;

         //判断结束位置x轴坐标是否小于开始位置x轴坐标，是，表明是从右往左滑动；否则，表明
是从左往右滑动
        if (touch_endX < touch_startX) {
          //从右往左滑动
          if (style_right > TOUCH_MAXRIGHT){
            //如果滑动距离大于最大滑动距离，则设置为最大滑动距离
            style_right = TOUCH_MAXRIGHT;
          }
        } else {
          //从左往右滑动
          if (style_right < TOUCH_STARTRIGHT){
            //如果滑动距离小于初始滑动距离，则设置为初始滑动距离（默认值）
            style_right = TOUCH_STARTRIGHT;
          }
        }
        //设置当前触摸项滑动（右侧）距离
        data_item.style_right = style_right;
        //更新页面数据
        this.setData({
          data_list: data_list
        });
      }
    })
```

如上述代码，在ev_touchStart()函数中获取并存放当前触摸项的开始坐标，在ev_touchMove()函数中获取当前触摸项的结束坐标；根据开始和结束坐标计算滑动距离，以此判断实际要设置列表项的滑动（右侧）距离。在ev_touchEnd()函数中，根据滑动（右侧）距离范围判断，将取消提醒区域复位或完整显示出来。

4.5 本章小结

本章通过一个信息查询类小程序项目中关键功能的讲解，带你学习和掌握获取系统信息、剪贴板复制功能实现和列表滑动取消效果及功能实现；了解和学会scroll-view组件、image组件和剪贴板API的用法。

积分商城：吸猫帮

积分商城是比较常见的应用类型，也算是一种轻量级的商城。本章将以吸猫帮小程序案例，一个集文章资讯综合性的积分商城小程序系统，将其中的一些关键页面和核心功能做具体分析及讲解，比如，每日签到、小程序内嵌网页、获取微信收货地址、地址选择和地址编辑等。

学习思维导图

学习目标	关键功能解析：每日签到弹窗 关键功能解析：悬浮猫咪导航 关键功能解析：微信收货地址 文章详情：小程序内嵌网页，web-view组件的使用 地址编辑页：功能及页面实现，省、市、县选择器
重点知识	picker组件 web-view组件 获取用户收货地址
关键词	每日签到、微信收货地址、wx.chooseAddress、web-view

5.1 案例介绍

吸猫帮小程序是一个养猫爱好者在线阅读养猫资讯及技巧的综合性积分商城平台。用户可以通过阅读文章、分享文章和每日签到获得积分，积分可兑换积分商城中的商品。主要界面如图5.1~图5.3所示。

5.2 关键功能解析：每日签到弹窗

本节将讲解每日签到弹窗。通过本节内容的学习，读者可以深入flex布局的使用学习，以及如何在小程序中实现复杂的签到弹窗。

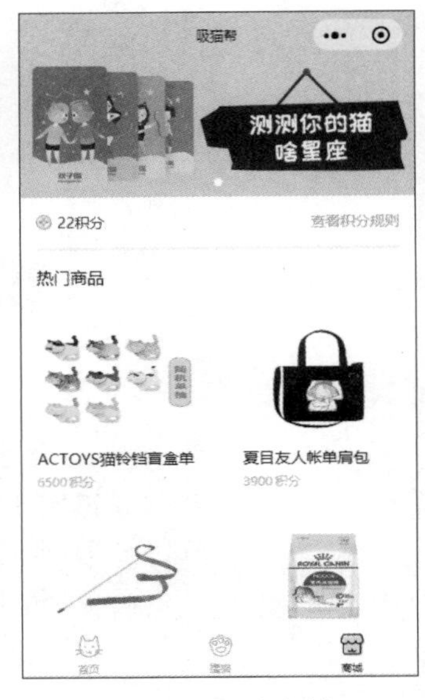

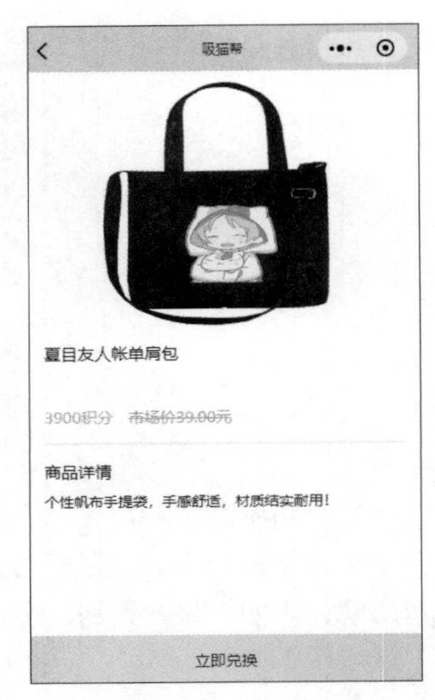

图5.1　首页　　　　图5.2　积分商城　　　　图5.3　商品详情

5.2.1　功能说明

为了提升用户黏性，培养用户使用吸猫帮小程序的习惯，用户可以参与每日签到获取积分。具体流程为：进入吸猫帮小程序首页，如果用户未签到，会自动显示“每日签到弹窗”，用户可查看已连续签到的天数，并进行签到操作，效果如图5.4所示。

图5.4　每日签到弹窗截图

5.2.2　布局实现

每日签到功能，关键在于布局实现，即如何编写不规则的弹框？在实现时，将弹框分为三部分，最底层是带猫咪的弹框背景图、中间是弹框签到区域、下面是关闭按钮。

上面是完成了结构的划分，而真正的难点是中间弹框签到区域的布局及实现。结构从上到下进一步细分为：当前签到天数气泡显示、最近7天每日签到标记轴、累计签到奖励提示和签到按钮，这部分是典型的列布局，即父容器布局样式为display=flex和flex-direction=column。其中，最近7天每日签到标记轴，可拆分为截至当前的签到段和剩余签到段。

完成布局分析后，在pages/index/index.wxml文件中，编写每日签到弹窗部分的结构代码，具体如下。

```
<!-- 每日签到弹窗 -->
<view class="signin_view cover_view flex" hidden='{{signin_view_hidden}}'>
  <view class='flex-col flex-acenter'>
    <!-- 背景图 -->
    <image class='signin_bg' src="../../images/signin.png"></image>
```

```
        <!-- 弹框签到区域 -->
        <view class='cover_box flex-col flex-acenter'>
          <!-- 签到天数显示区域 -->
          <view class='days_view flex-col'>
            <!-- 当前签到天数气泡显示 -->
             <view class='bubble_show' wx:if="{{show_days}}" style='margin-
left:{{bubble_left}}rpx;'>
              <image src="../../images/s_bubble.png"></image>
              <text>{{show_days}}</text>
            </view>
            <!-- 最近7天每日签到标记轴 -->
            <view class='day_show'>
              <!-- 截至当前的签到段横线显示 -->
              <text class='have' style='width:{{have_width}}rpx;'></text>
              <!-- 剩余签到段横线显示 -->
              <text class='empty'></text>
              <view class='img_view'>
                <!-- 截至当前的签到段图标显示 -->
                <block wx:for="{{signin_logs}}" wx:for-item="item">
                       <image src="/images/{{item.is_signined?'s_have':'s_
empty'}}.png"></image>
                </block>
                <!-- 剩余签到段图标显示 -->
                <block wx:for="{{signin_gray_arr}}">
                  <image src="/images/s_gray.png"></image>
                </block>
              </view>
            </view>
          </view>
          <!-- 累计签到奖励提示 -->
          <text class='tip_text'>连续签到一周有额外积分奖励哦~</text>
          <!-- 签到按钮及签到成功提示 -->
            <view class='signin_btn' bindtap='ev_signin' wx:if="{{!signin_
reward}}">立即签到</view>
          <block wx:else>
            <text class='signin_suc'>签到成功</text>
            <text class='signin_jifen'>积分+{{signin_reward}}</text>
          </block>
        </view>
        <!-- 关闭按钮 -->
          <image class='img_close' src="../../images/close.png" bindtap='ev_
toggle_signin_view'></image>
      </view>
    </view>
```

在pages/index/index.wxss文件中，编写每日签到弹窗部分的样式代码，具体如下。

```
    /* 签到弹框相关 */

    /* 签到弹框内容容器样式定义 */
    .signin_view>view {
      /* 设为相对定位，这样"弹框签到区域"才能以绝对定位 */
```

```
  position: relative;
  margin-left: 60rpx;
}
/* 签到弹框关闭图标样式定义 */
.signin_view .img_close {
  margin-right: 60rpx;
}
/* 签到弹框背景图样式定义 */
.signin_bg {
  width: 647rpx;
  height: 625rpx;
}
/* 弹框签到区域样式定义 */
.signin_view .cover_box {
  position: absolute;/* 绝对定位 */
  top: 300rpx;/* 距离顶部位置 */
  left: 20rpx;/* 距离左侧位置 */
  width: 546rpx;
}
/* 签到天数显示区域样式定义 */
.signin_view .days_view {
  margin-top: 10rpx;
  width: 100%;
}
/* 当前签到天数气泡显示样式定义 */
.signin_view .bubble_show {
  position: relative;/* 相对定位 */
  width: 39rpx;
  height: 49rpx;
  margin-bottom: 20rpx;
}
/* 当前签到天数气泡图标样式定义 */
.signin_view .bubble_show>image {
  width: 100%;
  height: 100%;
}
/* 当前签到天数气泡文本样式定义 */
.signin_view .bubble_show>text {
  position: absolute;/* 绝对定位 */
  top: 0px;
  left: 0px;
  display: flex;
  justify-content: center;
  padding-top: 4rpx;
  font-size: 26rpx;
  color: #000;
  width: 100%;
  height: 100%;
}
/* 最近7天每日签到标记轴样式定义 */
.signin_view .day_show {
```

```
  position: relative;/* 相对定位 */
}

.signin_view .day_show, .signin_view .day_show>view {
  height: 20rpx;
  width: 100%;
  display: flex;
  align-items: center;
}
/* 签到段横线显示样式 */
.signin_view .day_show>text {
  height: 6rpx;
}
/* 截至当前的签到段横线显示样式 */
.signin_view .day_show>text.have {
  background-color: #fcd643;
}
/* 剩余签到段横线显示样式 */
.signin_view .day_show>text.empty {
  background-color: #eee;
  flex: 1;
}
/* 签到段图标显示容器样式 */
.signin_view .day_show .img_view {
  position: absolute;
  top: 0px;
  left: 0px;
}
/* 签到段图标样式 */
.signin_view .day_show .img_view>image {
  width: 20rpx;
  height: 100%;
  margin-left: 58rpx;
}
/* 签到段图标第一项样式 */
.signin_view .day_show .img_view>image:first-child {
  margin-left: 20rpx;
}
/* 累计签到奖励提示样式 */
.signin_view .tip_text{
  color: #B1B1B1;
  font-size: 26rpx;
  margin: 30rpx 0px;
}
/* 签到按钮样式 */
.signin_view .signin_btn{
  color: #000;
  font-size: 30rpx;
  width: 223rpx;
  height: 82rpx;
  display: flex;
```

```
  justify-content: center;
  align-items: center;
  background-color: #FDD744;
  border-radius:40rpx;
}
/* 签到成功提示样式 */
.signin_view .signin_suc{
  color: #000;
  font-size: 34rpx;
  margin-bottom: 26rpx;
}
/* 签到成功获得积分样式 */
.signin_view .signin_jifen{
  color: #DFA92D;
  font-size: 28rpx;
}
```

5.2.3 签到数据展示

在pages/index/index.js文件中，编写签到数据展示相关的代码，具体如下。

```
Page({
  data: {
    /**
     * 截至当前要显示的签到天数
     */
    show_days: 0,
    /**
     * 当前签到天数气泡左侧外间距
     */
    bubble_left: 0,
    /**
     * 截至当前的签到段横线的显示宽度
     */
    have_width: 0,
    /**
     * 最近几天签到记录
     */
    signin_logs: [],
    /**
     * 要显示的 "灰色"待签到圆点的数组
     */
    signin_gray_arr: []
  },
  onLoad: function(options) {
   let signin_logs = [{
      "is_signined": true,//是否已签到
      "item_date": "2020-08-10"//日期
    }, {
      "is_signined": false,
      "item_date": "2020-08-11"
```

```
        }, {
          "is_signined": false,
          "item_date": "2020-08-12"
        }, {
          "is_signined": false,
          "item_date": "2020-08-13"
        }, {
          "is_signined": false,
          "item_date": "2020-08-14"
        }];
        this.show_signin_days(signin_logs);
      },
      /**
       * 显示签到天数
       * @param {*} signin_logs 签到记录
       */
      show_signin_days: function (signin_logs){
        //获取截至当前要显示的签到天数
        let show_days = signin_logs.length;
        let bubble_left = 0, have_width = 0;
        //如果天数>0,则进行如下处理
        if (show_days) {
          /**
           * 圆点图标左侧外间距
           */
          const img_ml=58;
          /**
           * 圆点图标宽度
           */
          const img_width=20;

          //当前签到天数气泡的左侧外间距=圆点图标宽度的二分之一 +（圆点图标左侧外间距+圆
点图标宽度）*（要显示的天数-1）
          bubble_left = (img_width/2) + (img_ml + img_width) * (show_days - 1);
          //截至当前的签到段横线的显示宽度=第一项星左侧外间距+（圆点图标左侧外间距+圆点
图标宽度）*（要显示的天数-1）
          have_width = img_width + (img_ml + img_width) * (show_days - 1);
        }

        //存放要显示的 "灰色"待签到圆点的数组
        let signin_gray_arr = [];
        //剩余签到天数=7-要显示的天数
        let gray_count = 7 - show_days;
        for (let i = 0; i < gray_count; i++) {
          signin_gray_arr.push(i);
        }

        //更新页面数据
        this.setData({
          signin_gray_arr: signin_gray_arr,
          bubble_left: bubble_left,
```

```
          have_width: have_width,
          show_days: show_days,
          signin_logs: signin_logs
        });
      }
    });
```

上述代码中，签到记录signin_logs，为了方便大家理解，直接用的固定数据，取的是8月15日当天，我的账号的签到记录。实际项目中，是请求服务端接口，获取最近7天内的签到记录。

5.3　关键功能解析：悬浮猫咪导航

本节将讲解悬浮猫咪导航。通过本节内容的学习，读者可以学会onPageScroll页面滚动事件的使用，以及如何在小程序中实现悬浮导航。

5.3.1　功能说明

为了提升小程序用户交互的趣味性，在吸猫帮小程序首页右侧，悬浮显示猫咪导航菜单。默认及页面滚动停止后，显示猫咪菜单；当页面滚动时，猫咪隐藏，显示猫爪，效果如图5.5和图5.6所示。

图5.5　首页悬浮猫咪显示状态

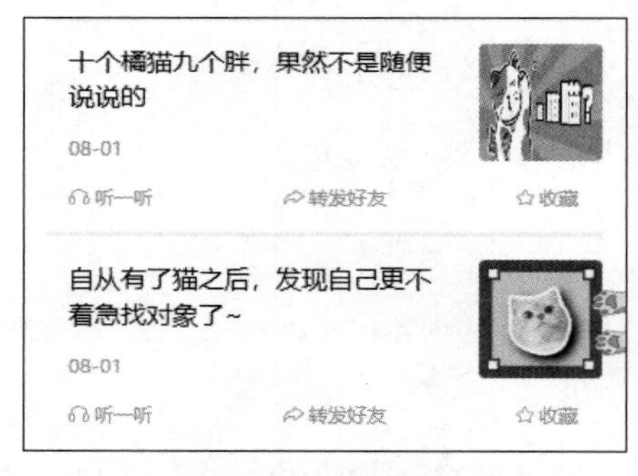

图5.6　首页悬浮猫咪隐藏状态

5.3.2　功能实现

经过分析，确定的实现方案为：用猫咪和猫爪两张图片，分别用于悬浮菜单显示和隐藏状态下的效果。然后监听页面滚动事件，当前页面处于滚动时，显示猫爪；当前页面滚动停止时，显示猫咪。

确定好实现方案后，首先，进入pages/index/index.wxml文件中，开始做悬浮猫咪导航菜单，布局代码的编写，具体如下。

```
    <!-- 悬浮猫咪导航菜单显示状态（猫咪）-->
    <image wx:if="{{to_my_show}}" bindtap='ev_to_my' class='to_my_img to_my_show' src='/images/to_my_show.png'></image>
    <!-- 悬浮猫咪导航菜单显示状态（猫爪）-->
```

```
<image wx:else bindtap='ev_to_my' class='to_my_img to_my_hide' src='/
images/to_my_hide.png'></image>
```

其次，进入pages/index/index.wxss文件中，开始做悬浮猫咪导航菜单，样式代码的编写，具体如下。

```
/* 悬浮猫咪导航菜单样式定义 */
.to_my_img {
  position: fixed;/* 固定、停靠定位 */
  bottom: 220rpx;/* 距离顶部位置 */
  right: 0px;/* 距离右侧位置 */
}
/* 悬浮猫咪导航菜单显示状态（猫咪）图片样式定义 */
.to_my_show {
  width: 129rpx;
  height: 170rpx;
}
/* 悬浮猫咪导航菜单显示状态（猫爪）图片样式定义 */
.to_my_hide {
  width: 42rpx;
  height: 84rpx;
}
```

最后，进入pages/index/index.js文件中，开始做悬浮猫咪导航菜单，相关逻辑代码的编写，具体如下。

```
Page({
  /**
   * 页面滚动定时器id
   */
  scrolltop_timer_id:null,
  data: {
    /**
     * 悬浮猫咪导航菜单是否显示
     */
    to_my_show: true
  },
  //监听屏幕滚动 判断上下滚动
  onPageScroll: function (ev) {
    //判断页面滚动定时器id是否不为空，是，则先清空定时器
    if (this.scrolltop_timer_id) {
      clearTimeout(this.scrolltop_timer_id);
    }
    //获取当前悬浮猫咪导航菜单是否显示
    let to_my_show = this.data.to_my_show;
    if (to_my_show) {
      console.log("隐藏");
      //如果菜单处于显示状态，则隐藏
      this.setData({
        to_my_show: false
      });
    }
```

```
        //获取页面在垂直方向已滚动的距离，方便后面做判断使用
        let scrolltop = ev.scrollTop;
         //开启定时器：用于2s后执行获取最新的页面滚动的距离。并将定时器id保存到页面属性
scrolltop_timer_id中，方便清空、销毁
        this.scrolltop_timer_id = setTimeout(() => {
          //如果间隔2秒，滚动距离没有发生改变，则表示已停止页面滚动
          if (scrolltop == ev.scrollTop) {
            //如果菜单处于隐藏状态，则还原为显示状态
            if (!to_my_show) {
              console.log("还原");
              this.setData({
                to_my_show: true
              });
            }
            return;
          }
        }, 2000);
      }
    });
```

在上述代码中，使用定时器，主要出于以下两点目的。

（1）判断页面是否已停止滚动：将间隔2s后页面滚动最新的距离，与之前保存的滚动距离做比对，如果相等，则表明已停止页面滚动。

（2）让菜单显示和隐藏有时间间隔，效果更明显。相当于用定时器，实现了比较“偷懒”、动画效果较弱的猫咪和猫爪的切换显示。

5.4 关键功能解析：微信收货地址

本节将讲解微信收货地址。通过本节内容的学习，读者可以学会wx.chooseAddress选择用户微信收货地址接口的使用，以及如何在小程序中利用button组件获取用户地址授权。

5.4.1 功能说明

在积分商城中，商品兑换时，需要能方便、快捷地添加用户的收货地址信息。获取用户微信收货地址，则是一种不错的且目前应用很广泛的方式。在吸猫帮小程序中，其操作主流程为：进入礼品兑换地址选择添加页面，点击“导入微信中填写过的收货地址”，显示获取用户通信地址的授权弹窗，点击“允许”按钮授权，会调起用户编辑收货地址原生界面，在编辑完成或选择后返回用户选择的地址，效果如图5.7所示。

图5.7 地址选择页面用户地址授权

5.4.2 功能实现

首先，进入pages/address_list/address_list.wxml文件中，开始布局代码的编写，具体如下。

```
<!-- 获取用户微信收货地址区域 -->
<view class='weixin_add flex flex-acenter flex-jsb'>
  <!-- 需要获取地址授权显示 -->
  <view class='flex flex-acenter' wx:if='{{is_scope_address}}'>
      <button bindopensetting='ev_opensetting' open-type="openSetting" lang="zh_CN"></button>
    <image src="../../images/weixin.png"></image>
    <text>授权获取微信收货地址</text>
  </view>
  <!-- 默认获取用户地址显示 -->
  <view class='flex flex-acenter' bindtap='ev_chooseAddress' wx:else>
    <image src="../../images/weixin.png"></image>
    <text>导入微信中填写过的收货地址</text>
  </view>
  <image src="../../images/addr_more.png"></image>
</view>
```

在上述代码中，获取地址授权用的是button组件，这是目前官方推荐的用户授权获取方式，即将button组件的open-type设置为openSetting，并通过bindopensetting事件获取用户的授权集合，然后从中判断是否有开启收货地址授权。显示逻辑很简单，根据是否需要获取地址授权，进行不同的组件渲染。

样式部分的代码，没什么特殊的，这里就不再赘述。其次，进入pages/address_list/address_list.js文件中，开始微信地址获取相关逻辑代码的编写，具体如下。

```
Page({
  data: {
    /**
     * 是否需要获取地址授权
     */
    is_scope_address: false
  },
  /**
   * 用户授权回调
   * @param {*} e
   */
  ev_opensetting: function (e) {
    console.log('ev_opensetting');
    //判断用户已打开授权中是否包括：用户地址授权
    if (e.detail.authSetting['scope.address']){
      //是，则调用选择地址的方法
      this.choose_address();
    }
  },
  /**
   * 选择地址
```

```
    */
  choose_address:function(){
    let that = this;
    //更新页面数据: 无须获取地址授权
    that.setData({ is_scope_address: false });

    //获取用户收货地址。调起用户编辑收货地址原生界面，并在编辑完成后返回用户选择的地址
    wx.chooseAddress({
      //选择地址后回调函数
      success(res) {
        console.log(res);
        //从接口返回地址信息中获取各属性值，构造提交地址接口请求参数
        let data = {
          true_name: res.userName,
          mobile: res.telNumber,
          province: res.provinceName,
          city: res.cityName,
          district: res.countyName,
          address: res.detailInfo
        };
        //调用提交地址函数
        util.post_address(data, () => {
          that.default_load();
        });
      }
    });
  },
  /**
   * 地址选择点击事件
   */
  ev_chooseAddress:function(){
    let that=this;
    //需要获得用户地址授权的名称
    let scope_address ='scope.address';
    //调用获取用户授权函数
    wx_api.authorize_scope(scope_address, () => {
      //授权获取成功，调用选择地址方法
      that.choose_address();
    }, () => {
      //授权失败，则调用打开用户授权设置函数，并给予提示
      wx_api.openSetting("检测到您没有打开收货地址权限，是否去设置打开？", scope_
address, () => {
        console.log('openSetting suc');
        //授权成功，调用选择地址方法
        that.choose_address();
      }, () => {
        console.log('openSetting fail');
       //授权取消或失败，更新页面数据: 需要获取地址授权，显示"授权获取微信收货地址"按钮
        that.setData({ is_scope_address: true });
      });
    });
```

```
    }
  });
```

在上述代码中，获取微信地址调用的是wx.chooseAddress接口，在调用它之前，需要先获取用户地址授权，否则，会调用失败。其中，wx_api.authorize_scope和wx_api.openSetting自定义函数，其用法在第9章中进行具体讲解。

5.5 文章详情：小程序内嵌网页

本节将讲解吸猫帮小程序文章详情页面的开发。通过本节内容的学习，读者可以学会web-view组件的使用及注意事项，以及如何在小程序中实现内嵌网页的显示。

5.5.1 前导知识

web-view组件可看作是加载显示网页的容器，简称网页浏览组件，它会自动铺满整个小程序页面。个人类型的小程序暂不支持使用。常见属性如表5.1所示。

表5.1 web-view组件常见属性

属性	类型	必填	说明
value	string	否	输入框的内容
src	string	否	webview 指向网页的链接。可打开关联的公众号的文章，其他网页需登录小程序管理后台配置业务域名
bindmessage	eventhandler	否	网页向小程序 postMessage 时，会在特定时机（小程序后退、组件销毁、分享）触发并收到消息。e.detail = { data }，data是多次 postMessage 的参数组成的数组
bindload	eventhandler	否	网页加载成功时触发此事件，e.detail = { src }
binderror	eventhandler	否	网页加载失败时触发此事件，e.detail = { src }

除了表5.1所示属性，在web-view组件（src属性指向链接的）网页中，可调用JSSDK 1.3.2提供的相关接口，包括返回小程序页面接口、图像接口、音频接口、智能接口、设备信息和地理位置等接口，具体相关接口可查看微信小程序官方开发文档。

在使用web-view组件时，有以下几点需要注意。

- 网页内 iframe 的域名也需要配置到域名白名单。
- 每个页面只能有一个 web-view，web-view 会自动铺满整个页面，并覆盖其他组件。目前页面使用web-view组件后，无法再显示其他组件，其限制性很大。
- web-view 网页与小程序之间不支持除 JSSDK 提供的接口之外的通信。
- 在 iOS 中，若存在JSSDK接口调用无响应的情况，可在 web-view 的 src 后面加个#wechat_redirect解决。
- 避免在链接中带有中文字符，在 iOS 中会有打开白屏的问题，建议加一下encodeURIComponent。

5.5.2 功能说明

在吸猫帮小程序中，展示的文章都是从管理后台添加的公众号文章链接。这样，文章详情页就需要用到web-view组件，以实现小程序内嵌网页展示，效果如图5.8所示。

图5.8 文章公众号网页详情

5.5.3 功能实现

首先进入pages/webview/webview.wxml文件中，开始布局代码的编写，具体如下。

```
<!--pages/webview/webview.wxml-->
<web-view src="{{page_url}}"></web-view>
```

其次，直接进入pages/webview/webview.js文件中，开始页面逻辑代码的编写，具体如下。

```
// pages/webview/webview.js
/**
 * 链接锚点-后缀
 */
const URL_POINTER = '#wechat_redirect';

Page({
  /**
   * 生命周期函数--监听页面加载
   */
  onLoad: function(options) {
    //判断页面参数page_url是否为空，是，则跳转到首页
    if (!options.page_url) {
      wx.switchTab({
        url: '../index/index'
      });
    }

    //页面参数page_url，并进行url解码
```

```
      var page_url = decodeURIComponent(options.page_url);
      //链接加上后缀,避免在iOS中,出现JSSDK接口调用无响应的情况
      page_url += URL_POINTER;
      console.log("page_url : " + page_url);
      //更新页面数据: 要显示的网页链接
      this.setData({
        page_url: page_url
      });
    },
    /**
     * 分享事件
     * @param {*} options
     */
    onShareAppMessage: function(options) {
      //获取当前正浏览的网页链接
      var webViewUrl = options.webViewUrl;
      //替换链接中的后缀
      webViewUrl = webViewUrl.replace(URL_POINTER, '');
      //将链接进行URL编码,构造分享页面路径
      let path = '/pages/webview/webview?page_url=' +
encodeURIComponent(webViewUrl);
      console.log(path);
      return {
        title: '吸猫帮',
        path: path,
        success: function(res) {
          // 转发成功
        },
        fail: function(res) {
          // 转发失败
        }
      };
    }
  })
```

5.6　地址编辑页面

本节将讲解地址编辑页面的开发，功能点包括布局实现、页面数据加载、显示选择的地区和表单提交。通过本节内容的学习，读者可以熟悉picker组件的使用，以及如何在小程序中实现地址编辑。

5.6.1　功能说明

在5.4节中，介绍了获取用户微信收货地址授权来快速添加地址信息。除了这种方式外，还需要用户能自行添加和编辑地址信息。这样，就需要一个地址编辑页面，能实现用户地址的添加和编辑，效果如图5.9所示。

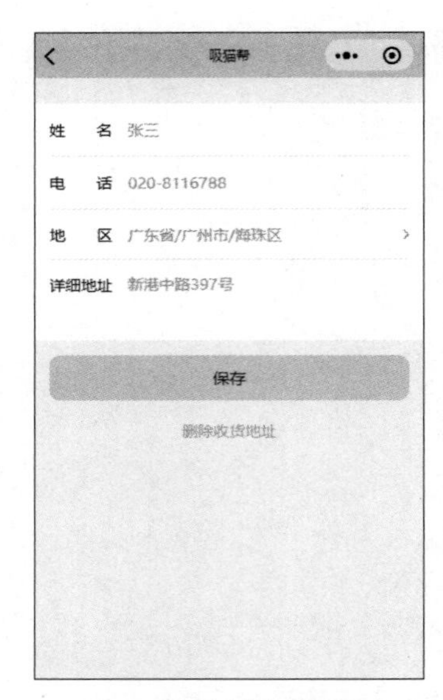

图5.9　地址编辑页面

5.6.2　布局实现

首先进入pages/address_info/address_info.wxml文件中，开始布局代码的编写，具体如下。

```
<!--pages/address_info/address_info.wxml-->
<view class="pageContainer">
  <form bindsubmit="ev_formSubmit">
    <view class='form_main flex-col'>
      <view class='group_view flex flex-acenter'>
        <view class="form_item flex flex-acenter flex-jsb">
          <text>姓</text>
          <text>名</text>
        </view>
        <view class="item_right flex flex-acenter">
              <input  name='true_name'  value='{{data_info.true_name}}'
type='text' maxlength="10" placeholder="请填写收货人姓名" confirm-type='next' />
        </view>
      </view>

      <view class='group_view flex flex-acenter'>
        <view class="form_item flex flex-acenter flex-jsb">
          <text>电</text>
          <text>话</text>
        </view>
        <view class="item_right flex flex-acenter">
             <input name='mobile' value='{{data_info.mobile}}' type='number'
maxlength="11" placeholder="请填写收货人手机号" confirm-type='next' />
        </view>
      </view>
```

```
            <view class='group_view flex flex-acenter'>
              <view class="form_item flex flex-acenter flex-jsb">
                <text>地</text>
                <text>区</text>
              </view>
              <picker name='region' bindchange="ev_region_change" mode='region'
value="{{region}}">
                <view class="item_right flex flex-acenter">
                        <view  wx:if="{{region.length>0}}">{{region[0]}}/
{{region[1]}}/{{region[2]}}</view>
                  <view wx:else>请选择地区</view>
                  <image src="../../images/addr_more.png"></image>
                </view>
              </picker>
            </view>

            <view class='group_view flex'>
              <view class="form_item">
                详细地址
              </view>
              <view class="item_right flex flex-acenter">
                    <textarea  name="address"  value='{{data_info.address}}'
placeholder="请填写详细地址" cursor-spacing="30px" maxlength="100" placeholder-
class="textarea_placeholder" />
              </view>
            </view>

          </view>
          <view class='flex-col flex-acenter'>
            <button class='btn_primary' formType="submit">保存</button>
            <text wx:if="{{is_edit}}" bindtap='ev_delete' class='btn_del'>删除收
货地址</text>
          </view>
        </form>
      </view>
```

在上述代码中，地区选择用的是picker组件，其mode属性设置为region，即指定这是一个区域选择器。它的值是一个长度为3的数组，数组项分别为省、市、区（注：关于form和picker组件的使用，在第8章中有详细的讲解，这里不再赘述。）

其次，进入pages/address_list/address_list.wxss文件中，开始页面样式代码的编写，具体如下。

```
/* pages/address_info/address_info.wxss */
page {
  /* 设置页面背景色 */
  background-color: #F5F5F5;
}

form {
```

```
  /* 设置表单宽度 */
  width: 100%;
}
/* 表单主体样式定义 */
.form_main {
  margin-top: 50rpx;
  background-color: #fff;
  padding: 0px 30rpx;
}

/* 表单项样式定义 */
.group_view {
  border-bottom: 1rpx solid #EEEEEE;
  padding: 30rpx 0px;
}
/* 表单项最后一项样式定义 */
.group_view:last-child {
  border-bottom: 0px;
}
/* 表单项左侧容器样式定义 */
.form_item {
  margin-right: 30rpx;
  font-size: 30rpx;
  color: #000;
  width: 120rpx;
}
/* 表单项左侧文本样式定义 */
.form_item text {
  width: 30rpx;
}
/* 表单项左侧图片样式定义 */
.form_item image {
  width: 60rpx;
  height: 60rpx;
  margin-right: 20rpx;
}
/* 表单项地区选择器样式定义 */
.group_view>picker {
  /* 占父容器的等份，相当于width:100% */
  flex: 1;
}
/* 表单项右侧相关组件公共样式定义 */
.item_right,
.item_right input,
.item_right textarea,
.item_right>view {
  flex: 1;
  font-size: 30rpx;
  color: #9A9A9A;
  border: 0px;
}
```

```
/* 表单项右侧图片样式定义 */
.item_right>image {
  width: 13rpx;
  height: 20rpx;
  margin-left: 20rpx;
}
/* 表单项右侧多行文本框样式定义 */
.item_right textarea {
  height: 100rpx;
  width: auto;
}
/* 提交按钮样式 */
.btn_primary {
  margin-top: 30rpx;
  width: 690rpx;
  border-radius: 20rpx;
  background-color: #FDD744;
  color: #000;
  font-size: 32rpx;
  height: 90rpx;
}
/* 删除按钮样式 */
.btn_del {
  margin-top: 40rpx;
  color: #DFA92F;
  font-size: 30rpx;
}
```

5.6.3　数据加载

进入pages/address_info/address_info.js文件中，编写onload事件及数据加载代码，具体如下。

```
Page({
  data: {
    /**
     * 是否是编辑地址
     */
    is_edit: false,
    /**
     * 省市县地区信息
     */
    region: [],
    /**
     * 地址信息
     */
    data_info: {
      true_name: '',
      mobile: '',
      address: ''
    }
```

```
  },
  /**
   * 生命周期函数--监听页面加载
   */
  onLoad: function (options) {
    //获取页面参数：用户地址id
    let id = common.getObjItem(options, 'id');
    if (id) {
      //如果id不为空，则加载要修改的地址信息
      this.load_data(id);
    } else {
      //如果id为空，则设置为0
      id = 0;
    }
    //将地址id保存到页面属性中，便于数据提交时使用
    this.address_id = id;
  },
  /**
   * 加载地址信息
   * @param {*} id 地址id
   */
  load_data: function (id) {
    //显示数据加载loading
    wx_api.showLoading();
    var that = this;
    //获取要修改的地址信息
    util.getMyApiResult('Address/address_info', {
      id: id
    }, (res) => {
      //隐藏数据加载loading
      wx_api.hideLoading();
      //数据请求失败处理
      if (!res.result || !res.data) {
        wx_api.showModal_tip(res.message, that, (res) => {
          // 返回上一页
          wx.navigateBack();
        });
        return;
      }
      let data = res.data;
      //更新页面数据
      that.setData({
        is_edit: true,
        data_info: data,
        region: [data.province, data.city, data.district]
      });
    });
  }
});
```

5.6.4　显示选择的地区

进入pages/address_info/address_info.js文件中，编写ev_region_change()函数，用于地区选择器选择项改变事件捕获，并更新页面数据，显示选择的区域信息，具体代码如下。

```
Page({
  /**
   * 省市县地区选择改变事件
   */
  ev_region_change: function (e) {
    //获取当前选择的地区，并更新页面数据
    this.setData({
      region: e.detail.value
    });
  }
});
```

5.6.5　表单提交

进入pages/address_info/address_info.js文件中，编写ev_formSubmit()函数，用于获取用户地址相关信息，进行是否为空等判断后，请求接口保存提交数据。具体代码如下。

```
Page({
  /**
   * 表单提交
   * @param {*} e
   */
  ev_formSubmit: function (e) {
    //获取表单数据，以便进行表单项值为空等判断
    var data = e.detail.value;
    let true_name = common.trim(data.true_name);
    if (!true_name) {
      wx_api.showToast('请填写姓名');
      return;
    }
    data.true_name = true_name;

    let mobile = data.mobile;
    if (!mobile) {
      wx_api.showToast('请填写手机号码');
      return;
    }

    let region = data.region;
    //由于地区信息是数组，判断其长度如果为0，则表明没有选择
    if (!region.length) {
      wx_api.showToast('请选择地区');
      return;
    }

    let address = common.trim(data.address);
```

```
      if (!address) {
        wx_api.showToast('请填写详细地址');
        return;
      }
      data.address = address;
      //设置地址id,如果是新增地址信息,则为0
      data.id = this.address_id;

      //地区处理,遍历地区信息数组,赋值到表单数据中
      let region_cols = ['province', 'city', 'district'];
      for (let i = 0, len = region_cols.length; i < len; i++) {
        data[region_cols[i]] = region[i];
      }
      //从表单数据中删除地区信息
      delete data.region;
      //请求地址保存接口,提交数据
      util.post_address(data, () => {
        wx_api.showToast('已保存', true, () => {
          wx.navigateBack();
        });
      });
    }
  });
```

5.7 本章小结

本章通过吸猫帮小程序项目中关键功能的讲解，带你学习和掌握每日签到弹窗、悬浮猫咪导航、微信收货地址和小程序内嵌网页功能及效果的实现；了解和学会picker组件、web-view组件、wx.chooseAddress接口的用法。

企业门户：哎呛科技

说到企业门户，我们第一时间可能想到的是企业门户网站。本章要分享的小程序开发知识点，是一个可称为企业门户的小程序——哎呛科技。和企业门户网站一样，它也是将企业下相关小程序及产品，（应用入口）聚合到一起，让用户能方便找到并使用不同的服务。在这个项目中，主要表现是可以跳转到公司旗下不同的小程序。本章将这个项目中几个关键功能或页面的实现进行分析讲解，包括弹幕效果、滑动吸顶停靠效果和福利卡片滑动切换。

学习思维导图

学习目标	关键功能解析：用户动态弹幕 关键功能解析：滑动吸顶停靠 关键功能解析：福利卡片滑动切换
重点知识	swiper组件 swiper-item组件 wx.createSelectorQuery
关键词	弹幕、滑动吸顶、卡片滑动切换、swiper、swiper-item、wx.createSelectorQuery

6.1 案例介绍

哎呛科技小程序是一个企业门户类型的小程序平台，其中汇聚哎呛科技旗下的文章资讯和小程序推荐，如哎呛课堂、哎呛壁纸和iOS降级查询等。用户可以浏览各类文章，也可以参与福利活动领取奖品，是一个既好看又好玩的小程序应用。主要界面如图6.1和图6.2所示。

6.2 关键功能解析：用户动态弹幕

本节将讲解用户动态弹幕。通过本节内容的学习，读者可以学会swiper和swiper-item组件的使用，以及如何在小程序中利用swiper组件实现用户动态弹幕功能及效果。

图6.1 首页

图6.2 福利页面

6.2.1 前导知识

1. swiper组件

swiper组件是滑块视图容器，一般用于轮播图的展示，其组件内部只可放置swiper-item组件。常见属性如表6.1所示。

表6.1 swiper组件常见属性

属性	类型	默认值	必填	说明
indicator-dots	boolean	FALSE	否	是否显示面板指示点
indicator-color	color	rgba(0, 0, 0, .3)	否	指示点颜色
indicator-active-color	color	#000000	否	当前选中的指示点颜色
autoplay	boolean	FALSE	否	是否自动切换
current	number	0	否	当前所在滑块的 index
interval	number	5000	否	自动切换时间间隔
duration	number	500	否	滑动动画时长
circular	boolean	FALSE	否	是否采用衔接滑动
vertical	boolean	FALSE	否	滑动方向是否为纵向
previous-margin	string	"0px"	否	前边距，可用于露出前一项的一小部分，接受 px 和 rpx 值
next-margin	string	"0px"	否	后边距，可用于露出后一项的一小部分，接受 px 和 rpx 值

续表

属性	类型	默认值	必填	说明
snap-to-edge	boolean	"false"	否	当 swiper-item 的个数大于等于 2，关闭 circular 并且开启 previous-margin 或 next-margin 时，可以指定这个边距是否应用到第一个、最后一个元素
display-multiple-items	number	1	否	同时显示的滑块数量
easing-function	string	"default"	否	指定 swiper 切换缓动动画类型
bindchange	eventhandle		否	current 改变时会触发 change 事件，event.detail = {current, source}

其中easing-function属性，是指定swiper组件切换缓动动画类型，其可取值如表6.2所示。

表 6.2　easing-function 属性取值

值	说明
default	默认缓动函数
linear	线性动画
easeInCubic	缓入动画
easeOutCubic	缓出动画
easeInOutCubic	缓入缓出动画

2．swiper-item组件

swiper-item组件可称为滑动项容器，仅可在swiper组件中使用，宽高自动会被设置为100%。常见属性如表6.3所示。

表 6.3　swiper-item 组件常见属性

属性	类型	默认值	必填	说明
item-id	string		否	该 swiper-item 的标识符
skip-hidden-item-layout	boolean	FALSE	否	是否跳过未显示的滑块布局，设为 true 可优化复杂情况下的滑动性能，但会丢失隐藏状态滑块的布局信息

6.2.2　功能说明

在小程序首页轮播图banner区域右上角，会向上滚动显示最新10条用户动态信息，包括某用户正在浏览文章、某用户正在参与抽奖。这种类似弹幕的效果，可提升应用的用户活跃度，效果如图6.3所示。

图6.3　首页用户动态弹幕

6.2.3　功能实现

在了解用户动态弹幕功能需求后，经过分析，其功能关键点在于：怎样实现动态信息向上自动滚动效果？既然是自动滚动，就可以用swiper组件实现，将其vertical属性设置为true，即滑动方向为纵向；为了让动态信息滚动更自然、衔接更顺畅，需要将circular属性设置为true，即采用衔接滑动。除了这些设置外，还需要将autoplay属性设置为true，即自动切换滑动。

确定好实现方案后，首先进入pages/index/index.wxml文件中，开始做用户动态弹幕，布局代码的编写，具体如下。

```
<!-- 用户动态弹幕轮播区域 -->
    <view class='danmu flex flex-just-end'>
            <!-- 用户动态弹幕轮播 -->
            <swiper circular="{{true}}" vertical="{{true}}" autoplay="{{true}}">
            <!-- 遍历用户动态 -->
                    <swiper-item wx:for="{{barrage}}" wx:for-item="item" wx:key='' class='flex flex-just-end'>
                            <view class='danmu-item'>
                                    <view class='danmu-item-show flex flex-item-center'>
                                            <image src="{{item.headimgurl}}" class='width-40 height-40 radius-pre-50'></image>
                                            <view class='ml-5'>{{item.show_txt}}</view>
                                    </view>
                            </view>
                    </swiper-item>
            </swiper>
    </view>
```

6.3 关键功能解析：滑动吸顶停靠

本节将讲解滑动吸顶停靠，主要内容包括功能分析、获取组件坐标和吸顶效果切换。通过本节内容的学习，读者可以学会wx.createSelectorQuery接口的使用，以及如何在小程序中利用onPageScroll页面滚动事件实现吸顶效果。

6.3.1 功能说明

滑动吸顶停靠效果，在一些App中不难看到，比如，京东App首页。在哎咆科技小程序首页，也有滑动吸顶停靠效果。页面默认效果如图6.1所示，即页面从上到下依次为：用户信息展示、图片轮播banner、功能菜单区域、文章分类栏和文章列表；当页面向上滑动到文章分类栏时，显示如图6.4所示效果，即页面从上到下依次为：用户信息展示和搜索栏、文章分类栏和文章列表。这种滑动吸顶停靠效果能提升应用的趣味性，更重要的是带来更好的用户体验，让用户操作等更便捷。

图6.4 首页滑动吸顶停靠截图

6.3.2 功能分析

经过分析，其中触发滑动吸顶停靠效果切换的关键点在于文章分类栏的位置。这里假定文章分类栏默认相对页面顶部的距离（y轴坐标）为H，当页面向上滑动的距离大于或等于H时，显示吸顶停靠效果，否则，还原为默认页面效果。

思路理清后，确定的实现方案为：首先获取文章分类栏默认相对页面顶部的距离。然后监听页面滚动事件，当前页面处于滚动时，获取页面滚动高度并进行判断，切换显示吸顶停靠效果。

最后，对滑动吸顶停靠效果，分步骤进行代码实现讲解。

6.3.3　获取组件坐标

要实现滑动吸顶停靠，需要先获取文章分类栏默认相对页面顶部的距离（y轴坐标），为了方便后面描述，简称为H。如何获取组件坐标呢？方法有两种，第一种是计算坐标组件，前面所有组件的高度累加，作为此组件y轴坐标。用这种方法，H值等于用户信息展示、图片轮播banner和功能菜单区域这三部分高度累加的值。但这并不是解决此问题的好方法，因为它有以下缺点。

- 计算麻烦，需要获取或知道，目标组件前面所有组件的高度。
- 仅适用于目标组件前面所有组件，高度固定且已知，即动态数据列表显示则不行。
- 计算不准确，影响因素有：前面获取组件的高度，可能单位不统一；组件具有外间距（margin）或内间距（padding），导致组件高度无法准确获取。

有没有一种能方便且准确获取组件坐标的方法呢？有的，可以通过wx.createSelectorQuery接口来实现。

wx.createSelectorQuery接口，会返回一个SelectorQuery对象实例。在自定义组件或包含自定义组件的页面中，应使用 this.createSelectorQuery() 来代替。它可以很方便地获取指定组件的坐标和滚动位置等信息。其用法与在Web开发中应用很广泛的JavaScript插件jQuery类似。

经过对比，最终决定通过wx.createSelectorQuery接口来获取H值。

进入pages/index/index.js文件中，开始文章分类栏默认相对页面顶部的距离（y轴坐标）逻辑代码的编写，具体如下。

```
Page({
  /**
   * 页面加载事件
   */
  onLoad: function () {
    let that = this;
    //创建一个用于获取"文章分类栏"距离顶部高度的选择器查询对象
    const query = wx.createSelectorQuery();
    query.select('#newsListCate').boundingClientRect(function (res) {
      console.log(res);
      //获取当前组件距离顶部的坐标，用于吸顶效果切换的页面滚动高度判断；并将此y轴坐标
值存放到页面对象属性中
      that.cateTop = res.top
    }).exec();
  }
})
```

在上述代码中，首先创建选择器查询对象，然后通过此对象调用select函数，其参数为文章分类栏的选择器#newsListCate。该选择器的定义，进入pages/index/index.wxml文件中，具体代码如下。

```
<!-- 文章分类栏 -->
    <view class='pl-15 pr-15'>
     <!-- 指定分类栏组件id为: newsListCate -->
        <scroll-view id="newsListCate" scroll-x class='news-list-cate mt-10'>
            <block wx:for="{{cateList}}" wx:for-item="item" wx:key="" wx:for-index="n">
                <view class="item {{currCateId == item.id ? 'active' : ''}}" bindtap='tabChange' data-index="{{n}}">
                    <view>{{item.name}}</view>
                    <view class='bottom'></view>
                </view>
            </block>
        </scroll-view>
    </view>
```

这里，有必要介绍一下select函数的用法。select函数用于在当前页面下，选择第一个匹配选择器 selector 的节点，返回一个NodesRef对象实例，可用于获取节点信息。其中，select函数参数selector，其语法类似于CSS的选择器，但仅支持下列语法。

- ID选择器：#the-id
- class选择器（可以连续指定多个）：.a-class.another-class
- 子元素选择器：.the-parent > .the-child
- 后代选择器：.the-ancestor .the-descendant
- 跨自定义组件的后代选择器：.the-ancestor >>> .the-descendant
- 多选择器的并集：#a-node，.some-other-nodes

调用select函数后，返回节点对象实例，再调用boundingClientRect函数：添加节点的布局位置的查询请求，相对于显示区域，以像素为单位。再调用exec函数：执行布局位置的查询请求。这样，在boundingClientRect的回调函数中，即可获取文章分类栏默认相对页面顶部的坐标。

6.3.4 吸顶效果切换

我们已经完成获取文章分类栏默认相对页面顶部的坐标。下面，需要在页面滚动时，动态切换吸顶效果。

首先进入pages/index/index.wxml文件中，开始这部分布局代码的编写，具体如下。

```
<!-- 吸顶分类搜索栏 -->
<view class='bgc-white {{xiding?"xiding":""}}'>
  <!-- 用户信息展示和搜索栏 -->
    <view class='flex flex-just-bet flex-item-center bgc-blue pd-15 pt-10 {{xiding?"":"hide"}}'>
        <view class='flex flex-item-center fc-white'>
            <image src='{{member.headimgurl}}' class='avatar width-30 height-30' bindtap='goUserCenter'></image>
```

```
                <view class='ml-5' bindtap='goUserCenter'>{{member.
nickname}}</view>
            </view>
            <navigator url='/pages/home/search'>
                <i class="icon icon-search fc-white fs-24"></i>
            </navigator>
        </view>
       <!-- 文章分类栏 -->
        <view class='pl-15 pr-15'>
            <scroll-view id="newsListCate" scroll-x class='news-list-cate
mt-10'>
                <block wx:for="{{cateList}}" wx:for-item="item" wx:key=""
wx:for-index="n">
                    <view class="item {{currCateId == item.id ?
'active' : ''}}" bindtap='tabChange' data-index="{{n}}">
                        <view>{{item.name}}</view>
                        <view class='bottom'></view>
                    </view>
                </block>
            </scroll-view>
        </view>
    </view>
```

在上述代码中，通过页面数据xiding，判断是否显示吸顶效果。如何设置xiding数据是关键。

其次，进入pages/index/index.js文件中，开始吸顶效果切换相关逻辑代码的编写，具体如下。

```
  Page({
    data: {
      /**
       * 是否显示吸顶效果
       */
      xiding:false
    },
    /**
     * 页面滚动事件
     * @param {*} e
     */
    onPageScroll: function (e) {
      var that = this;
      //如果页面滚动的距离大于或等于文章分类栏默认相对页面顶部的距离（即y轴坐标），则显示
吸顶效果；否则，还原为默认页面效果
      if (e.scrollTop >= that.cateTop) {
        //避免重复更新页面数据，带来不必要的性能损耗，需加上判断：如果当前没有显示吸顶效
果，则执行更新页面数据代码
        if (!that.data.xiding) {
          //更新页面数据：显示吸顶效果
          that.setData({
            xiding: true
          });
```

```
          }
        } else{
          if (that.data.xiding) {
            //更新页面数据：不显示吸顶效果
            that.setData({
              xiding: false
            });
          }
        }
      }
    })
```

6.4 关键功能解析：福利卡片滑动切换

本节将讲解福利卡片滑动切换，主要内容包括功能分析、数据获取、卡片滑动切换和底部菜单切换。通过本节内容的学习，读者可以学会swiper组件高级用法，以及如何在小程序中实现卡片滑动切换效果。

6.4.1 功能说明

在哎咆科技小程序福利页面，从左往右依次为：往期福利、正在进行和即将进行的福利活动，默认显示正在进行中的福利活动。可以滑动卡片左右切换活动，也可以点击底部的活动类别菜单，查看对应的福利活动。卡片滑动和底部活动类别菜单是联动的，即如果滑动到“即将进行”的福利活动卡片，则底部的活动类别菜单“即将进行”要处于选中状态；同样，当点击底部的活动类别菜单“即将进行”，活动卡片区域要显示“即将进行”的福利活动。

处于显示状态的卡片固定居中显示，且卡片相对更大且完全不透明；其他未处于显示状态的卡片，则尺寸较小且灰度透明。其中，往期福利和即将进行的活动固定显示一个，正在进行的活动至少显示一个，因为可能同时有多个福利活动在进行。正在进行和即将进行的福利活动，如果活动数据为空，则显示对应的活动提示卡片，效果如图6.2所示。

6.4.2 功能分析

经过分析，要实现卡片滑动和底部活动类别菜单联动，则需要将卡片划分不同的福利展示区域，即用卡片索引区分不同的福利活动。这里，假定进行中活动显示个数为n（为什么要取进行中活动显示个数、而不是进行中活动数据列表个数？因为进行中活动数据列表个数即使为0，实际也会显示一个“正在进行”活动的提示卡片，所以要以进行中活动显示个数为准），不同类型活动卡片索引如下。

- 往期福利：0（往期福利活动卡片在最左侧，为第一项，索引即为0）。
- 正在进行：1~n（正在进行活动卡片在中间，为第二项至第n+1项，索引即为1~n）。
- 即将进行：n+1（即将进行活动卡片在最右侧，为最后一项，索引即为n+1）。

方向和思路已确定，剩下就是解决卡片滑动切换的功能实现。既然是滑动切换，就会用到swiper组件。下面就从数据获取、卡片滑动切换和底部菜单切换，进行逐一实现讲解。

6.4.3　数据获取

获取活动列表数据，进入pages/fuli/index.js文件中，开始相关代码的编写，具体如下。

```
Page({
  data: {
    /**
     * 往期福利活动列表
     */
    active_past: [],
    /**
     * 正在进行活动列表
     */
    active_now:[],
    /**
     * 正在进行活动实际显示数量
     */
    active_now_show_count:1,
    /**
     * 即将进行活动列表
     */
    active_future:[]
  },
  /**
   * 页面显示事件
   */
  onShow: function () {
   //获取活动列表数据
    this.getList(1);
  },
  /**
   * 获取活动列表
   * @param {*} page 分页页码
   * @param {*} is_pull_refresh 是否是下拉刷新
   * @param {*} sucCall 成功回调函数
   * @param {*} failCall 失败回调函数
   */
  getList: function (page, is_pull_refresh, sucCall, failCall) {
    var that = this;

    wx.showLoading({
      title: '加载中',
    })
   //请求获取活动列表数据接口
    fcz.POST(fcz.URL.activity_index, {}, function (sData) {
      wx.hideLoading();

      //获取正在进行活动数量
      let active_now_count=sData.data.now.length;
      //计算正在进行活动实际显示数量
      let active_now_show_count;
```

```
        if(active_now_count>0){
          //如果活动数量大于0,则即为实际显示数量
          active_now_show_count=active_now_count;
        }else{
          //如果活动数量等于0，由于实际要显示一个"活动正在策划"的提示卡片，则实际显示数量为1
          active_now_show_count=1;
        }

        //更新页面数据
        that.setData({
          active_past: sData.data.past,
          active_now:sData.data.now,
          active_now_show_count:active_now_show_count,
          active_future:sData.data.future
        });
        sucCall && sucCall();
      }, function (eData) {
       //请求失败处理
        wx.hideLoading();
        wx.showToast({
          title: eData.message,
          icon: 'none'
        });
        failCall && failCall();
      });
    }
  })
```

在上述代码中，页面数据属性active_now_show_count，即为在6.4.2节中的“进行中活动显示个数为n”。

6.4.4 卡片滑动切换

首先进入pages/fuli/index.wxml文件中，开始布局代码的编写，具体如下。

```
  <!-- 福利卡片滑动切换展示 -->
  <view class='flex flex-item-center' style='height:77%'>
    <!-- 福利卡片滑动容器 -->
    <swiper previous-margin="100rpx" next-margin="100rpx" current="{{activeIndex}}" bindchange="swiperChange" circular="{{true}}">
     <!-- "往期福利"福利活动展示 -->
          <swiper-item>
                <view class="slide-item bgc-white {{activeIndex == 0 ? 'active' : ''}}">
                      <view class='fuli fuli-now flex flex-c flex-item-center flex-just-bet'>
                            <view class='cover' catchtap='goDetail' data-id="{{active_past.id}}">
                                  <image src='{{active_past.cover_image}}'></image>
```

```
                                        <view class='cover-provider fs-12 flex
flex-just-bet'>
                                            <view class='txt'>{{active_
past.goods_provider}}•赞助</view>
                                            <view class='flex flex-item-
center fc-oxfordgray' catchtap="goHistory">
                                                <text>更多往期</text><i
class="icon icon-more fs-12 mr-5"></i>
                                            </view>
                                        </view>
                                    </view>
                                    <view class='fw-500 f-tac width-pre-100'
bindtap='goDetail' data-id="{{active_past.id}}">
                                        <view class='fs-16'>往期抽奖</view>
                                        <view class='prize-name mt-5 f-elip
fs-15'>{{active_past.prize_name}}</view>
                                    </view>
                                    <view class='fc-chrysoidine fw-600'>已结束</
view>
                                    <view class='flex flex-just-bet width-
pre-100'>
                                        <view class='fc-oxfordgray fs-12 flex-
self-center'>{{active_past.take_count}}人参与</view>
                                        <button class='btn-none-style' open-
type='share' data-info="{{active_past}}">
                                            <i class="icon icon-share2 fs-
20"></i>
                                        </button>
                                    </view>
                                </view>
                            </view>
                        </swiper-item>

        <!-- "正在进行"福利活动展示 -->
        <!-- 遍历"正在进行"福利活动 -->
            <block wx:for="{{active_now}}" wx:for-item="vo" wx:key=""
wx:for-index="n">
                <swiper-item>
                    <view class="slide-item bgc-white {{activeIndex ==
1+n ? 'active' : ''}}">
                        <view class='fuli fuli-now flex flex-c flex-
item-center flex-just-bet'>
                            <view class='cover'
bindtap='goDetail' data-id="{{vo.id}}">
                                <image src='{{vo.cover_
image}}'></image>
                                <view class='cover-provider fs-12'>
                                    <view class='txt'>{{vo.
goods_provider}}•赞助</view>
                                </view>
```

```
                                </view>
                                <view class='fw-500 f-tac width-
pre-100' bindtap='goDetail' data-id="{{vo.id}}">
                                    <view class='fs-16'>本期抽奖</
view>
                                    <view class='prize_name mt-5
f-elip fs-15'>{{vo.prize_name}}</view>
                                </view>
                                <view class='kj-time fs-13'>
                                    距离开奖<text class='ml-5 fs-16
fw-600 fc-chrysoidine'>{{vo.open_leave}}</text>
                                </view>
                                <view class='flex flex-just-bet width-
pre-100'>
                                    <view class='fc-oxfordgray fs-
12 flex-self-center'>{{vo.take_count}}人参与</view>
                                    <button class='btn-none-style'
open-type='share' data-info="{{vo}}">
                                        <i class="icon icon-
share2 fs-20"></i>
                                    </button>
                                </view>
                            </view>
                        </view>
                    </swiper-item>
                </block>
        <!-- 没有"正在进行"福利活动的展示 -->
                <swiper-item wx:if="{{active_now.length==0}}">
                    <view class="slide-item bgc-white {{activeIndex == 1 ?
'active' : ''}}">
                        <view class='flex flex-c flex-just-bet flex-item-
center mt-40'>
                            <image src='/assets/images/fuli/chehuazhong.
png' class='width-220' mode='widthFix'></image>
                            <view class='mt-20 f-tac fc-gray'>
                                <view>活动正在策划</view>
                                <view>敬请期待</view>
                            </view>
                        </view>
                    </view>
                </swiper-item>

        <!-- "即将进行"福利活动展示 -->
                <swiper-item>
                    <view class="slide-item bgc-white {{(activeIndex ==
1+active_now_show_count) ? 'active' : ''}}">
                        <view wx:if="{{active_future.prize_name.
length>0}}" class='fuli fuli-now flex flex-c flex-item-center flex-just-bet '>
                            <view class='cover' bindtap='goDetail' data-
id="{{active_future.id}}">
```

```
                                <image src='{{active_future.cover_
image}}'></image>
                                <view class='cover-provider fs-12'>
                                    <view class='txt'>{{active_
future.goods_provider}}•赞助</view>
                                </view>
                            </view>
                            <view class='fw-500 f-tac width-pre-100'
bindtap='goDetail' data-id="{{active_future.id}}">
                                <view class='fs-16'>下期抽奖</view>
                                <view class='prize-name mt-5 f-elip
fs-15 '>{{active_future.prize_name}}</view>
                            </view>
                            <view class='fc-gray2'>
                                <text class='fw-600 fc-chrysoidine
ml-10'>{{active_future.start_time_format}}</text>
                            </view>
                            <view class='flex flex-just-bet width-
pre-100'>
                                <view class='fc-oxfordgray fs-12 flex-
self-center'>{{active_future.take_count}}人参与</view>
                                <button class='btn-none-style' open-
type='share' data-info="{{active_future}}">
                                    <i class="icon icon-share2 fs-
20"></i>
                                </button>
                            </view>
                        </view>
                        <!-- 没有"即将进行"福利活动的展示 -->
                        <view wx:else class='flex flex-c flex-just-bet flex-
item-center mt-40'>
                            <image src='/assets/images/fuli/chehuazhong.
png' class='width-220' mode='widthFix'></image>
                            <view class='mt-20 f-tac fc-gray'>
                                <view>活动正在策划</view>
                                <view>敬请期待</view>
                            </view>
                        </view>
                    </view>
                </swiper-item>
            </swiper>
        </view>
```

在上述代码中，swiper组件设置了previous-margin和next-margin属性，这两个属性是实现卡片效果的关键。再结合样式，就可以实现我们想要的卡片效果。

其次，进入pages/fuli/index.wxss文件中，开始卡片滑动切换部分样式代码的编写，具体如下。

```
/* 福利卡片滑动容器样式 */
swiper {
  height: 920rpx;
```

```
  width: 100%;
}
/* 福利卡片项容器样式 */
swiper-item {
  display: flex;/* flex布局 */
  flex-direction: column;/* y轴方向为主轴 */
  justify-content: center;/* 主轴方向居中对齐 */
  align-items: flex-start;/* 交叉轴方向以开始端对齐 */
  overflow: unset;
}
/* 福利卡片项样式 */
.slide-item {
  height: 700rpx;
  width: 415rpx;
  border-radius: 30rpx;
  box-shadow: 0px 0px 30rpx rgba(0, 0, 0, .2);
  margin: 0rpx 40rpx;
  z-index: 1;
  opacity: 0.8;/* 不透明度 */
  padding: 30rpx 30rpx 20rpx 30rpx;/* 内侧间距 */
}
/* "处于显示状态"福利卡片项样式 */
.active {
  transform: scale(1.14);/* 放大至114% */
  transition: all .2s ease-in 0s;/* 淡入动画 */
  z-index: 20;
  opacity: 1;/* 完全不透明,即正常显示 */
}
/* 福利卡片内容区域样式 */
.slide-item .fuli {
  height: 700rpx;
}
/* 福利卡片项图片及赞助商容器样式 */
.slide-item .fuli-now .cover {
  width: 100%;
  height: 420rpx;
}
/* 福利卡片项图片样式 */
.slide-item .fuli-now .cover image {
  width: 100%;
  height: 100%;
  border-radius: 30rpx
}
/* 福利卡片项活动开始时间样式 */
.slide-item .fuli .kj-time {
  color: #9A9A9A
}
/* 福利卡片项赞助商容器样式 */
.cover .cover-provider {
  position: relative;
```

```
  margin-top: -420rpx;
}
/* 福利卡片项赞助商名称样式 */
.cover .cover-provider .txt {
  display: inline-block;
  background-color: rgb(76, 160, 246);
  color: #fff;
  border-top-left-radius: 30rpx;/* 左上方边框弧度 */
  border-bottom-right-radius: 30rpx;/* 右下方边框弧度 */
  padding: 8rpx 20rpx;
}
/* 福利卡片项分享图标样式 */
.icon-share2 {
  color: #4DA3F8
}
```

最后，进入pages/fuli/index.js文件中，开始卡片滑动切换相关的逻辑代码的编写，具体如下。

```
Page({
  data: {
    /**
     * 当前处于显示状态的活动卡片索引，默认显示"正在进行"
     */
    activeIndex:1,
    /**
     * 底部福利类别切换菜单，从左到右的样式
     */
    cateClass:['left','center','right']
  },
  /**
   * 活动卡片滑动切换事件
   * @param {*} e
   */
  swiperChange:function(e){
    //获取当前活动要显示的卡片索引
    let index = e.detail.current;
    //计算"即将进行"活动卡片索引
    let active_future_index=1+this.data.active_now_show_count;
    console.log("swiperChange index: "+index);
    //如果索引等于"正在进行"活动显示数量+1，则显示"即将进行"活动卡片
    if (index == active_future_index) {
      //即将进行
      this.setData({
        activeIndex: index,
        cateClass: ['left', "right", 'center']
      })
    }else if(index == 0){
      //往期福利
      this.setData({
        activeIndex: index,
```

```
            cateClass: ['center', "left", 'right']
          })
        }else{
          //正在进行
          this.setData({
            activeIndex: index,
            cateClass: ['left', "center", 'right']
          })
        }
      }
    })
```

6.4.5 底部菜单切换

首先进入pages/fuli/index.wxml文件中，开始布局代码的编写，具体如下。

```
    <!-- 底部菜单栏 -->
    <view class="bottom">
      <!-- 福利类别切换菜单栏 -->
       <view class='opt'>
              <view class='opt-box {{cateClass[0]}}' bindtap='goNext' data-
index='0'>
                    <view class='opt-btn fw-500'>往期福利</view>
              </view>
              <view class='opt-box {{cateClass[1]}}' bindtap='goNext' data-
index='1'>
                    <view class='opt-btn fw-500'>正在进行</view>
              </view>
              <view class='opt-box {{cateClass[2]}}' bindtap='goNext' data-
index='{{1+active_now_show_count}}'>
                    <view class='opt-btn fw-500'>即将进行</view>
              </view>
       </view>
      <!-- 前往"首页"菜单 -->
       <view class='circle f-tac'>
              <view class='mt-10' bindtap='goHomePage'>
                    <image src='/assets/images/icon_tab_home2.png'></image>
              </view>
       </view>
    </view>
```

在上述代码中，三个福利类别切换菜单分别按顺序取cateClass中的样式名，实现动态改变其菜单显示位置及样式。比如，“往期福利”菜单，通过绑定不同样式，以实现在左侧（对应样式名：left）、中间（对应样式名：center）和右侧（对应样式名：right）显示。

其次，进入pages/fuli/index.wxss文件中，开始底部菜单部分样式代码的编写，具体如下。

```
    /* 底部菜单栏样式 */
    .bottom {
      position: absolute;/* 绝对定位 */
      height: 180rpx;
      width: 100%;
```

```
  bottom: 0rpx;
  overflow-x: hidden;/* x轴方向超出隐藏 */
}
/* 福利类别切换菜单栏样式 */
.bottom .opt {
  display: flex;/* flex布局 */
  justify-content: space-around;/* 主轴方向居中对齐,两端一样的间距 */
}
/* 福利类别切换菜单项样式 */
.bottom .opt .opt-box {
  width: 25%;
  height: 90rpx;
  background-color: #fff;
  border-radius: 20rpx;
  text-align: center;
  padding-top: 20rpx;
}
/* 前往"首页"菜单样式 */
.bottom .circle {
  height: 90rpx;
  border-radius: 50%/100% 100% 0 0;/* 边框样式 */
  background-color: #fff;
  position: absolute;
  bottom: 0rpx;
  width: 110%;
  margin-left: -5%;
  z-index: 200;
  box-shadow: 0 0 5rpx 0rpx #ccc;/* 边框阴影样式 */
}
/* 前往"首页"菜单图片样式 */
.bottom .circle image {
  width: 50rpx;
  height: 50rpx;
  z-index: 1000
}

/* 底部"左侧"切换菜单样式 */
.opt-box.left {
  left: 60rpx;/* 相对左侧坐标 */
  bottom: 40rpx;/* 相对底部坐标 */
  position: absolute;/* 绝对定位 */
  z-index: 142;/* Z轴显示层级,数字越大显示越靠前 */
  opacity: 0.5;/* 透明度,相当于半透明 */
  transform: rotate(-12deg);/* 逆时针旋转12度 */
}
/* 底部"中间"切换菜单样式 */
.opt-box.center {
  left: 280rpx;
  bottom: 73rpx;
  height: 120rpx;
```

```
  position: absolute;
  display: inline-block;
  z-index: 143;
  opacity: 1;
  font-size: 32rpx;
}
/* 底部"右侧"切换菜单样式 */
.opt-box.right {
  right: 60rpx;
  bottom: 40rpx;
  position: absolute;
  z-index: 144;
  opacity: 0.5;
  transform: rotate(12deg);/* 顺时针旋转12度 */
}
```

最后，进入pages/fuli/index.js文件中，开始底部菜单切换相关的逻辑代码的编写，具体如下。

```
Page({
  data: {
    /**
     * 当前处于显示状态的活动卡片索引,默认显示"正在进行"
     */
    activeIndex:1,
    /**
     * 底部福利类别切换菜单,从左到右的样式
     */
    cateClass:['left','center','right']
  },
  /**
   * 福利类别切换菜单 点击事件
   * @param {*} e
   */
  goNext:function(e){
    //获取当前点击菜单组件的自定义数据index
    var index = e.currentTarget.dataset.index;
    //判断index是否与当前处于显示状态的活动卡片索引相等,是,则跳出此函数
    if(index == this.data.activeIndex){
      return;
    }

    //计算"即将进行"活动卡片索引
    let active_future_index=1+this.data.active_now_show_count;
    //根据当前索引判断,显示对应类别的福利
    if (index ==active_future_index){
      //即将进行
      this.setData({
        activeIndex:active_future_index,
        cateClass: ['left', "right", 'center']
      });
    }else if(index == 0){
      //往期福利
```

```
        this.setData({
          activeIndex: 0,
          cateClass: ['center', "left", 'right']
        });
      }else{
        //正在进行
        this.setData({
          activeIndex: 1,//正在进行活动可能有多个，都直接显示第一个"进行中"活动
          cateClass: ['left', "center", 'right']
        });
      }
    }
  })
```

6.5　本章小结

本章通过哎呛科技小程序项目中关键功能的讲解，带你学习和掌握弹幕效果、滑动吸顶停靠、福利卡片滑动切换功能及效果的实现；了解和学会swiper组件、swiper-item组件、wx.createSelectorQuery接口的用法。

第7章 知识付费：哎咆课堂

最近几年随着移动互联网的不断发展，线上学习、付费课程等越来越被大众所认可。微信小程序作为“轻应用”（无须下载、安装）的热门应用，自然有不少知识付费的产品，会优先考虑基于微信小程序开发。知识付费类产品，基本上都有在线视频或音频播放、关键词搜索等功能。本章将以哎咆课堂小程序案例（一个与网易云课堂类似的小程序系统），就其中一些知识付费小程序开发，所需要的进阶技能和核心技术进行分析与讲解。

学习思维导图

学习目标	动态推荐位：动态模板布局实现 音频播放器：UI布局及功能实现 视频播放器：UI布局及功能实现 语音搜索：仿微信语音发送效果、可上滑取消的，语音搜索UI布局及功能实现
重点知识	slider组件 video组件 音频API 录音API
关键词	slider、video、wx.startRecord、wx.playBackgroundAudio、wx.uploadFile、capture-catch用法

7.1 案例介绍

哎咆课堂小程序是一款在线学习iPhone和iPad等苹果设备，使用和维修等相关课程的平台。课程形式分为音频和视频，用户可以试看课程中的免费章节，付费购买后即可学习全部的课程内容。主要界面如图7.1~图7.3所示。

7.2 关键功能解析：动态推荐位

本节将讲解动态推荐位。通过本节内容的学习，读者可以了解block标签的使用，以及如何在小程序中实现动态切换显示模板的页面布局。

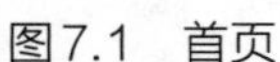
图7.1　首页

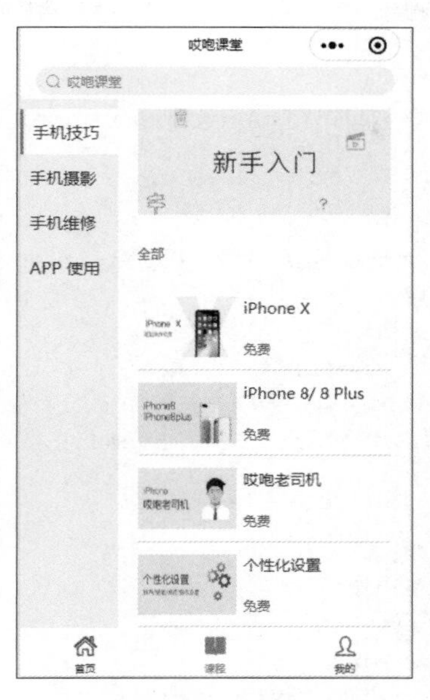

图7.2　课程分类

图7.3　课程详情

7.2.1　功能说明

在小程序首页，为了实现更灵活的运营，不定期地推荐最新或热门课程。如图 7.4 所示，其中红色框标记区域，即为动态推荐位（也称为动态广告位）。它可以根据后台的设置，将图片以相应的形式展现。目前分为两种展示模板：通栏大图和四宫格小图。

图7.4　首页推荐位

7.2.2 功能实现

下面开始编写页面结构和样式，首先在pages/index/index.wxml文件中编写动态推荐位部分的结构代码，具体如下。

```
    <!-- 动态推荐位 start -->
   <block wx:for="{{dynamic_ads}}" wx:for-item="item">
     <block wx:if="{{item.tpl==1}}">
       <!-- 模板一：通栏大图 -->
       <block wx:for="{{item.ads}}" wx:for-item="ad">
             <image  data-id='{{ad.target_id}}'  bindtap='ev_navto_
courseinfo' src="{{ad.image}}" class="ads_dynamic_cross"></image>
       </block>
     </block>
     <block wx:else>
       <!-- 模板二：四宫格小图 -->
       <view class='ads_dynamic_22'>
         <view class='images'>
           <block wx:for="{{item.ads}}" wx:for-item="ad">
                   <image  data-id='{{ad.target_id}}'  bindtap='ev_navto_
courseinfo' src="{{ad.image}}"></image>
           </block>
         </view>
       </view>
     </block>
   </block>
    <!-- 动态推荐位 end -->
```

在上述代码中，block标签多次被使用。block不是一个组件，它仅仅是一个包装元素。block标签可以理解为是一个布局代码块，在其内部可实现多个组件的判断或渲染，而其本身并不会做任何渲染。

block标签的使用场景是：一次性判断或渲染多个组件标签，且不想渲染额外的组件，可以使用block标签将多个组件包装起来，从而达到我们想实现的效果。

根据上述代码，对动态推荐位功能实现进行讲解说明。最外面是一个block标签，用于实现dynamic_ads（动态推荐位列表）的遍历渲染。第三行代码，是判断推荐位模板类型（当tpl=1，则表示为按通栏大图模板显示，否则，按四宫格小图模板显示），并以相应的模板显示，进行推荐位数据ads的遍历渲染输出。

其次，在pages/index/index.wxss文件中，编写动态推荐位部分的样式代码，具体如下。

```
//定义通栏大图的样式
.ads_dynamic_cross {
  margin-top: 20rpx;
  width: 100%;
  height: 260rpx;
  margin-bottom:-4rpx;
}

//定义四宫格小图外层容器的样式
.ads_dynamic_22 {
```

```
  margin-top: 20rpx;
  width: 100%;
  background-color: #fff;
  display: flex; //设置为flex布局
 //指定布局方向为row（以x轴为主轴），即设置子元素沿水平方向从左到右排列
  flex-direction: row;
  justify-content: center; //水平居中对齐
}

//定义四宫格小图图片容器的样式
.ads_dynamic_22 view.images {
 //设置外间距（上间距：10rpx，下间距：30rpx，左右间距：0rpx）
  margin: 10rpx 0rpx 30rpx;
  width: 710rpx;
  display: flex;
  flex-direction: row;
  flex-flow: wrap; //超出换行显示
  justify-content: space-between; //水平两端对齐
}

//定义四宫格小图图片的样式
.ads_dynamic_22 image {
  width: 345rpx;
  height: 200rpx;
  margin-top: 20rpx; //超出换行显示
  border-radius: 6rpx; //设置图片的外边框圆角弧度
}
```

7.3　关键功能解析：音频播放器

本节将讲解音频播放器，主要内容包括布局实现、播放和暂停背景音乐、停止背景音乐、上一个及下一个课程音频切换、获取音频播放状态、滑动进度条切换播放进度和全局背景音频数据。通过本节内容的学习，读者可以学会slider组件和wx.playBackgroundAudio接口的使用，以及如何在小程序中实现音频播放器。

7.3.1　前导知识

1. slider组件

slider组件是滑动选择器，一般用于实现音量调节、数字滑动设置等场景。在此案例中，用它实现音频进度条，用于滑动切换当前音频要播放的位置。常见属性如表7.1所示。

表7.1　slider组件常见属性

属性	类型	默认值	必填	说明
min	number	0	否	最小值
max	number	100	否	最大值
step	number	1	否	步长，取值必须大于 0，并且可被(max −min)整除

续表

属性	类型	默认值	必填	说明
value	number	0	否	当前取值
selected-color	color	#1aad19	否	已选择的颜色（请使用 activeColor）
activeColor	color	#1aad19	否	已选择的颜色
backgroundColor	color	#e9e9e9	否	背景条的颜色
bindchange	eventhandle		否	完成一次拖动后触发的事件，event.detail = {value}

2. wx.playBackgroundAudio

wx.playBackgroundAudio接口用于实现使用后台播放器播放音乐。对于微信客户端来说，只能同时有一个后台音乐在播放。当用户离开小程序后，音乐将暂停播放；当用户在其他小程序占用了音乐播放器，原有小程序内的音乐将停止播放。常见参数如表7.2所示。

表7.2　wx.playBackgroundAudio常见参数

属性	类型	默认值	必填	说明
dataUrl	string		是	音乐链接，目前支持的格式有 m4a、aac、mp3、wav
title	string		否	音乐标题
coverImgUrl	string		否	封面URL
success	function		否	接口调用成功的回调函数
fail	function		否	接口调用失败的回调函数
complete	function		否	接口调用结束的回调函数（调用成功、失败都会执行）

7.3.2　功能说明

为了方便用户更好地学习音频课程内容，需要实现一个在线音频播放器。主要能满足的功能有：播放、暂停、可滑动切换的进度条、上一个和下一个，以及显示当前音频已播放时长和总播放时长；除此之外，还需要能以背景音乐形式播放，即从课程章节详情界面返回到课程详情等界面，还能继续学习正在播放的课程音频，并能控制播放与暂停。界面效果如图7.5所示。

图7.5　（音频）课程详情

7.3.3　布局实现

下面开始编写页面结构和样式，首先在pages/courseitem/courseitem.wxml文件中编写音频播放器部分的结构代码，具体如下。

```
    <!-- 音频播放器 -->
      <view class="audio_view flex-col">
        <view class='controls flex-row'>
          <!-- 上一个 -->
```

```
              <image bindtap='ev_audio_prev' class='btn' src="../../images/
audio_prev.png"></image>
   <!--  播放/暂停  -->
              <image bindtap='ev_audio_playOrpause' class='play' src="../../
images/audio_{{audio_playing?'pause':'play'}}.png"></image>
   <!--  下一个  -->
              <image bindtap='ev_audio_next' class='btn' src="../../images/
audio_next.png"></image>
          </view>
          <view class='info flex-row'>
            <!-- 进度条和时长 -->
                <slider activeColor='#53a0da' backgroundColor='#47
4E54' min="0" max="{{audio_duration}}" step="1" value="{{audio_
playTime}}" bindchange="ev_audio_seek"></slider>
                <text>{{audio_formatedPlayTime}}<text class='space'>/</
text>{{audio_formatedDuration}}</text>
          </view>
        </view>
```

在上述代码中，最外层是一个view，定义了音频播放器的容器。其内部包括两部分：播放控制区域和进度条信息区域。

其中，播放控制区域使用的是image组件，分别实现上一个、播放/暂停和下一个的图片按钮。播放按钮由于具有双重功能，要根据当前的播放状态audio_playing（是否处于播放中），判断显示对应的按钮图片。

进度条信息区域的实现，使用的是slider 组件（滑动选择器），实现播放进度条。设置slider 组件最小值（min）为0，最大值（max）为当前音频总时长（单位：秒），限制滑块最大滑动距离，以确保音频从开始播放到结束，与进度条保持一致。

其次，在pages/courseitem/courseitem.wxss文件中，编写音频播放器部分的样式代码，具体如下。

```
  /* 音频相关样式 */
  //定义音频播放器容器的样式
  .audio_view{
    width: 100%; //宽度与页面宽度一致
    height:354rpx;
    background-color:#EFF1F0; //设置播放器背景色
    align-items: center; //纵轴居中对齐
  }

  //定义音频播放器控制（播放、暂停，上一个，下一个）容器的样式
  .audio_view .controls{
    width: 52%; //宽度为父容器的52%
    flex: 1;
    justify-content: space-between; //水平两端对齐
    align-items: center;  //垂直居中对齐
  }

  //定义上一个和下一个按钮的样式（尺寸）
  .audio_view .controls .btn{
```

```
    width: 39rpx;
    height:36rpx;
  }

  //定义播放、暂停按钮的样式（尺寸）
  .audio_view .controls .play{
    width: 120rpx;
    height:120rpx;
  }

  //定义滑动滚动条区域容器的样式
  .audio_view .info{
    width: 100%;
    height:78rpx;
    background-color:#707070; //设置滑动滚动条区域背景色
    justify-content: center;
    align-items: center;
  }

  //定义滑动滚动条的样式
  .audio_view .info slider{
    width: 458rpx;
    margin-right: 30rpx; //设置右侧外间距
  }

  //定义音频播放时长文本显示的样式
  .audio_view .info text{
    color: #fff;
    font-size: 26rpx;
  }

  //定义音频播放时长文本分隔符的样式
  .audio_view .info text .space{
    margin: 0px 4rpx;
  }
```

7.3.4 播放和暂停背景音乐

进入pages/courseitem/courseitem.js文件中，编写ev_audio_playOrpause()函数，实现对当前音频（背景音乐）的播放和暂停切换操作，具体代码如下。

```
Page({
/**
   * 页面的初始数据
   */
  data: {
    //音频播放相关
    audio_playing: false,//音频播放状态
  },
  ev_audio_playOrpause: function (e) {
    var that = this;
```

```
      if (this.data.audio_playing) {
        //暂停
        wx.pauseBackgroundAudio({
          success: function () {
            console.log('pauseBackgroundAudio success');
            that.stop_getAudioState_Interval();
            that.setData({
              audio_playing: false
            });
          }
        });
        return;
      }
  var courseitem_info = this.data.courseitem;
  //播放
      wx.playBackgroundAudio({
        dataUrl: courseitem_info.media,//音频url
        title: courseitem_info.title,//音频标题
        coverImgUrl: courseitem_info.cover_image,//音频封面图url
        success: function (res) {
          console.log('playBackgroundAudio success');
          that.setData({
            audio_playing: true
          });
          that.start_getAudioState_Interval();
        },
        fail: function (res) {
          console.log('playBackgroundAudio fail');
          wx_api.showToast('音频播放失败,请稍候再试! ');
        }
      });
    }
  })
```

在ev_audio_playOrpause()函数中，第二行代码根据当前页面数据属性audio_playing，判断当前音频是否处于播放中，是，则执行暂停音频的逻辑代码，否则，执行播放音频的逻辑代码。其中，暂停音频调用的是wx.pauseBackgroundAudio接口，播放音频调用的是wx.playBackgroundAudio接口，并分别在它们成功调用回调函数中，更新页面数据属性audio_playing，调用停止或开启获取音频播放状态定时器的函数。

7.3.5　停止背景音乐

进入pages/courseitem/courseitem.js文件中，编写onLoad()函数，实现相关逻辑处理：

（1）进入课程内容详情界面，如果当前有正在播放的背景音频，则先停止；

（2）注册（监听）背景音乐停止的事件，具体代码如下。

```
Page({
/**
    * 生命周期函数--监听页面加载
    */
```

```
  onLoad: function (options) {
    var that = this;
    console.log("onLoad app.globalData");
    console.log(app.globalData);
    if (app.globalData.backgroundAudioPlaying) {
      console.log("onLoad stopBackgroundAudio_handle");
      //进入课程内容详情界面，如果当前有正在播放的背景音频，则先停止
      wx.stopBackgroundAudio({
        success: function (res) {
          that.stopBackgroundAudio_handle();
        }
      });
    }

    /**
     * 监听音乐停止
     */
    wx.onBackgroundAudioStop(function () {
      console.log('onBackgroundAudioStop');
      that.stopBackgroundAudio_handle(true);
    });
  },
/**
  * 音乐停止处理
  */
  stopBackgroundAudio_handle: function (is_setData) {
    var that = this;
    console.log('stopBackgroundAudio_handle');
    that.stop_getAudioState_Interval();
    if (!is_setData) return;
    that.setData({
      audio_playing: false,
      audio_playTime: 0,
      audio_formatedPlayTime: common.formatTime(0)
    });
  }
})
```

在onLoad()函数中，根据小程序全局数据对象中，当前背景音频播放状态backgroundAudioPlaying做判断处理。其中，通过调用wx.stopBackgroundAudio接口，关闭当前播放的背景音频；通过调用wx.onBackgroundAudioStop接口来监听音乐停止，并分别在各自成功回调函数中，调用关闭背景音频处理stopBackgroundAudio_handle()函数。

在stopBackgroundAudio_handle()函数中，实现的是停止背景音频的相关处理。其内部实现比较简单，主要是调用stop_getAudioState_Interval函数（停止获取音频状态的定时器）和设置当前页面数据（将音频播放状态audio_playing设置为已停止，当前音频播放时长audio_playTime恢复到初始状态0）。

7.3.6　上一个、下一个课程音频

进入pages/courseitem/courseitem.js文件中，编写ev_audio_prev()函数，实现上一个课程切换；编写ev_audio_next()函数，实现下一个课程切换，具体代码如下。

```
Page({
 /**
   * 页面的初始数据
   */
  data: {
    courseitem: [],
  },
/**
   * 上一个
   */
  ev_audio_prev: function (e) {
    this.navto_courseitem(true);
  },
 /**
   * 下一个
   */
  ev_audio_next: function (e) {
    this.navto_courseitem(false);
  },
navto_courseitem: function (is_prev) {
    console.log("navto_courseitem app.globalData");
    console.log(app.globalData);

    var proName = is_prev ? 'prev' : 'next';
  //从当前课程信息"上一个和下一个"课程信息对象中获取
    var info = this.data.courseitem.prevAndnext_courseItem;
  //common.getObjItem函数,判断对象中是否存在指定的属性或属性是否为空
    if (!common.getObjItem(info, proName)) {
      wx_api.showToast('这已是' + (is_prev ? '第一节' : '最后一节'));
      return;
    }
    var item = info[proName];
  //跳转到 课程详情内容页面
    wx.navigateTo({
      url: '../courseitem/courseitem?id=' + item.id + "&type=" + item.type
    });
  }
})
```

7.3.7　获取音频播放状态定时器

进入pages/courseitem/courseitem.js文件中，编写获取音频播放状态定时器：包括开启和停止定时器，具体代码如下。

```
Page({
/**
```

```
     * 页面的初始数据
     */
    data: {
      //音频播放相关
      audio_playing: false,//音频播放状态
      audio_duration: 0,//音频时长，单位：s
      audio_formatedDuration: '00:00',//音频时长格式化
      audio_playTime: 0,//音频播放时长，单位：s
      audio_formatedPlayTime: '00:00'//音频播放时长格式化
    },
    /**
     * 停止获取音频播放状态定时器
     */
    stop_getAudioState_Interval: function () {
      if (this.getAudioState_Interval) {
         console.log('stop_getAudioState_Interval : ' + this.getAudioState_
Interval);
        clearInterval(this.getAudioState_Interval);
        this.getAudioState_Interval = null;
      }
      app.globalData.backgroundAudioPlaying = false;
      app.globalData.backgroundAudio_courseItem_id = 0;
    },
  /**
     * 开始获取音频播放状态定时器
     */
    start_getAudioState_Interval: function () {
      var that = this;
      that.stop_getAudioState_Interval();
      //开启定时器
      this.getAudioState_Interval = setInterval(getAudioState, 900);
      app.globalData.backgroundAudioPlaying = true;
      app.globalData.backgroundAudio_courseItem_id = that.data.courseitem.id;

      function getAudioState() {
        wx.getBackgroundAudioPlayerState({
          success: function (res) {
            //要判断状态
            console.log("res.status is: " + res.status);
            if (res.status != 1) {
              //停止 or  没有音乐在播放
              that.stop_getAudioState_Interval();
              return;
            }

            that.setData({
              audio_playTime: res.currentPosition,
             audio_formatedPlayTime: common.formatTime(res.currentPosition + 1)
            });
          }
        })
```

```
    }
  }
})
```

start_getAudioState_Interval() 函数，实现的是：开启获取音频播放状态定时器相关的处理——用于获取当前音频已播放时长，更新页面数据，确保页面显示正确的播放时间。其中，通过调用 wx.getBackgroundAudioPlayerState 接口，来获取当前音频的播放状态，当其成功获取状态回调函数中，返回结果对象的属性status等于1，则表明音频处于播放状态，否则，表示音频已停止。

需要注意的是：开启定时器之前，要先判断是否存在已启动的定时器，有则一定先停止清除；避免在某些情况下，比如，用户短时间内连续点击暂停或播放按钮，导致开启了多个重复的定时器，代码无法按预期执行。这是很多使用定时器的开发者，即便是有些已经有，比较丰富开发经验的程序员，最容易出现的代码问题。基于这个原因，在此函数中，第二行代码，调用stop_getAudioState_Interval() 函数，来规避上面说的可能出现的问题。第四行代码，开启获取音频播放状态定时器，并将定时器ID，存储到当前页面属性 getAudioState_Interval 中，相当于是全局变量，这个很关键，因为只有这样，才能确保能管理定时器，实现关闭已开启的定时器。

stop_getAudioState_Interval() 函数，实现的是停止获取音频播放状态定时器相关的处理。第一行代码，判断当前页面属性 getAudioState_Interval 是否不为空，是，则先调用系统clearInterval() 函数，清空定时器。再将全局数据对象 globalData 中，backgroundAudioPlaying 设置为 false（当前没有在播放的背景音频），backgroundAudio_courseItem_id 设置为 0（即将当前背景音频课程项 id 置空）。

7.3.8　滑动进度条切换播放进度

进入 pages/courseitem/courseitem.js 文件中，编写 ev_audio_seek() 函数，实现根据滑动进度条所在位置切换播放进度，具体代码如下。

```
Page({
  ev_audio_seek: function (e) {
    var that = this;
     //如果需要暂停下 托动进度后直接播放，则判断当前播放状态，并将下面代码块放入播放成功回调中
    wx.seekBackgroundAudio({
      position: e.detail.value,
      complete: function () {
        // 实际会延迟两秒左右才跳过去
        setTimeout(function () {
          that.start_getAudioState_Interval();
        }, 1500)
      }
    });
  }
})
```

在上面代码中，根据获取音频进度条当前滑动的位置值（e.detail.value），设置音频播放进

度。其中，设置音频播放进度，调用的是wx.seekBackgroundAudio接口，在其回调函数中，使用了一个延迟执行start_getAudioState_Interval()函数的定时器，为什么要这样呢？因为，wx.seekBackgroundAudio调用后，即代码执行到complete回调函数中，音频实际会延迟2秒左右才跳过去——即从设置的位置开始播放。所以，这是在做类似开发时，需要特别注意的！

7.3.9 全局背景音频数据

从上面的代码讲解中，多次提到背景音频以及其状态管理。因为是背景音频，所以还需要全局获取和设置音频播放状态。那么，在微信小程序中，我们应该如何定义全局数据呢？答案是：在小程序项目根目录App.js 文件中，将需要全局使用的变量，定义在全局数据对象globalData中，代码如下。

```
//app.js
App({
  onLaunch: function () {
    console.log('onLaunch');
  },
  //全局数据对象
  globalData:{
    /**
     * 当前在后台的课程音频是否在播放
     */
    backgroundAudioPlaying:false,
    /**
     * 当前在后台播放的音频 对应的课时id
     */
    backgroundAudio_courseItem_id: 0
  }
})
```

7.4 关键功能解析：视频播放器

本节将为读者讲解，哎呦课堂小程序中的关键功能：视频播放器。通过本节内容的学习，读者可以学会video组件的使用，以及如何在小程序中实现视频播放器。

7.4.1 前导知识

video是视频媒体组件，一般用于实现视频播放及弹幕显示场景。在此案例中，用于实现视频类课程的在线播放。常见属性如表7.3所示。

表7.3 video组件常见属性

属性	类型	默认值	必填	说明
src	string		是	要播放视频的资源地址，支持网络路径、本地临时路径、云文件ID（2.3.0）
duration	number		否	指定视频时长

续表

属性	类型	默认值	必填	说明
controls	boolean	TRUE	否	是否显示默认播放控件（播放/暂停按钮、播放进度、时间）
danmu-list	Array.<object>		否	弹幕列表
danmu-btn	boolean	FALSE	否	是否显示弹幕按钮，只在初始化时有效，不能动态变更
autoplay	boolean	FALSE	否	是否自动播放
loop	boolean	FALSE	否	是否循环播放
object-fit	string	contain	否	当视频大小与 video 容器大小不一致时，视频的表现形式
poster	string		否	视频封面的图片网络资源地址或云文件 ID（2.3.0）。若 controls 属性值为 false 则设置 poster 无效

7.4.2　功能说明

为了方便用户更好地学习课程视频内容，需要实现一个在线视频播放器。主要满足的功能有：播放、暂停、可滑动切换的进度条、可全屏播放，界面效果如图7.6所示。

图7.6 （视频）课程详情

7.4.3　功能实现

下面开始编写页面结构和样式，首先在pages/courseitem/courseitem.wxml文件中编写视频播放器部分的结构代码，具体如下。

```
<!-- 视频播放器 -->
<video class="video" src="{{courseitem.media}}" objectFit="fill"
poster="{{courseitem.cover_image}}" controls="{{true}}"></video>
```

从上述代码不难看出，相比音频播放器，视频播放器的布局实现很简单，只需用到video组件。其中，video组件用到的属性，可参见表7.3查阅其用法及说明。

在pages/courseitem/courseitem.wxss文件中，编写视频播放器部分的样式代码，具体如下。

```
.video {
  width: 100%;
  height:422rpx;
  background-color:white;
}
```

7.5 关键功能解析：语音搜索

本节将讲解语音搜索，主要内容包括布局实现、开始录音、上滑取消录音和上传录音识别语音。通过本节内容的学习，读者可以学会capture-catch事件绑定、wx.startRecord()接口和wx.stopRecord()接口的使用，以及如何在小程序中实现上传录音并获取服务端的识别结果。

7.5.1 功能说明

平台上课程很多，如何让用户能方便、快速找到自己想学习、了解的课程？搜索是一个不错的选择，也是很多产品都具备的基础功能。本章案例哎咆课程小程序，不仅有传统的文本搜索，更有符合微信用户操作体验，更便捷、好用的语音搜索。其语音搜索要满足和实现的功能有：仿微信语音发送效果、按住录音、可上滑取消、可上传音频文件到服务器并获取识别结果文本。界面效果如图7.7~图7.9所示。

图7.7　搜索页

图7.8　搜索页（录音中）

图7.9　搜索页（搜索取消）

7.5.2　布局实现

下面开始编写页面结构和样式，首先在pages/search/search.wxml文件中编写语音搜索部分的结构代码，具体如下。

```
    <!-- 开始录音及捕获触摸滑动区域 -->
    <view class="voice_view flex-col" capture-catch:touchstart='ev_voice_view_touchstart' capture-catch:touchmove='ev_voice_view_touchmove' capture-catch:touchend='ev_voice_view_touchend'>
      <image src="/images/search_voice.png"></image>
      <text>按住 说话</text>
    </view>

    <!-- 录音弹框相关 -->
    <view style="height:{{cover_view_height}};" class="cover_view flex-col" hidden="{{cover_view_ishidden}}">
      <!-- 语音识别结果文本显示容器 -->
        <text class="result" hidden="{{voice_result_ishidden}}">{{voice_result}}</text>
      <!-- 录音及上滑取消提示框容器 -->
      <view class="main flex-col" hidden="{{voice_box_ishidden}}">
        <view class="voice_box flex-col" wx:if="{{voice_iscancel}}">
          <!-- 录音上滑取消提示效果 -->
          <image class="cancel" src="/images/voice_box_cancel.png"></image>
          <text class="cancel">松开手指，取消发送</text>
        </view>
        <view class="voice_box flex-col" wx:else>
          <!-- 录音中提示效果 -->
          <image class="vol" src="/images/voice_box_vol.gif"></image>
          <image class="ht" src="/images/voice_box_ht.png"></image>
          <text>手指上滑，取消发送</text>
        </view>
      </view>
    </view>
```

在上述代码中，已有比较清晰的注释，需要重点说明的是capture-catch的使用。想必你看到如上代码，也会产生疑问：为什么不用bind进行事件绑定呢？在解答这个问题之前，我们有必要先了解一下capture-catch的用法及说明，如图7.10所示。

图7.10是微信小程序官方开发文档里，关于capture-catch的说明及用法代码演示。从中可以获取capture-catch以下两点关键信息。

（1）capture绑定的事件要先于bind绑定的事件执行。

（2）capture-catch是非冒泡事件，且会中断事件捕获、阻止冒泡。

回到前面的问题，这里用capture-catch主要是基于上面第一点的考虑。经测试，使用capture绑定事件，用户体验相对更好，能更快地捕获到触摸、滑动等交互并给予响应；而如果用bind绑定事件，则会出现比较明显的事件响应延迟。

事件的捕获阶段

自基础库版本 1.5.0 起，触摸类事件支持捕获阶段。捕获阶段位于冒泡阶段之前，且在捕获阶段中，事件到达节点的顺序与冒泡阶段恰好相反。需要在捕获阶段监听事件时，可以采用 capture-bind 、 capture-catch 关键字，后者将中断捕获阶段和取消冒泡阶段。

在下面的代码中，点击 inner view 会先后调用 handleTap2 、 handleTap4 、 handleTap3 、 handleTap1 。

```
<view id="outer" bind:touchstart="handleTap1" capture-bind:touchstart="handleTap2">
  outer view
  <view id="inner" bind:touchstart="handleTap3" capture-bind:touchstart="handleTap4">
    inner view
  </view>
</view>
```

如果将上面代码中的第一个 capture-bind 改为 capture-catch ，将只触发 handleTap2 。

```
<view id="outer" bind:touchstart="handleTap1" capture-catch:touchstart="handleTap2">
  outer view
  <view id="inner" bind:touchstart="handleTap3" capture-bind:touchstart="handleTap4">
    inner view
  </view>
</view>
```

图7.10 capture-catch用法

其次，在pages/search/search.wxss文件中，编写语音搜索部分的样式代码，具体如下。

```
/* 定义 开始录音及捕获触摸滑动区域 的样式 */
.voice_view {
  position: fixed;/* 定位方式为：固定、停靠 */
  left: 0px;/* 相对左侧定位（x轴）坐标为0 */
  bottom: 0px;/* 相对底部定位（y轴）坐标为0 */
  width: 100%;
  padding: 10rpx 0px;/* 上下内间距：10rpx，左右内间距：0px */
  align-items: center;
  background-color: #e1e1e1;
  border-top: 1rpx solid #d3d8e6;/* 上边框样式 */
  font-size: 26rpx;
}

/* 定义 开始录音图片按钮 的样式 */
.voice_view image {
  width: 74rpx;
  height: 74rpx;
  margin-bottom: 14rpx;
}

/* 录音弹框相关begin */

/* 定义音频识别及取消容器的样式 */
.voice_box {
```

```
  width: 330rpx;
  height: 330rpx;
  background-color: #909090;
  border-radius: 16rpx;
  font-size: 26rpx;
  color: white;
  /* 定义当前容器内组件在x轴方向居中对齐 */
  align-items: center;
}

/* 录音中 声音音量图片样式 */
.voice_box .vol {
  width: 50rpx;
  height: 33rpx;
  /* 定义当前组件x轴方向，以开始位置最左侧显示 */
  align-self: flex-start;
  margin-left: 70rpx;
  margin-top: 10rpx;
}

/* 录音中 话筒图片样式 */
.voice_box .ht {
  width: 100rpx;
  height: 154rpx;
  margin-top: 10rpx;
  margin-bottom: 40rpx;
}

/* 录音弹框容器"遮罩层"样式 */
.cover_view {
  position: fixed;
  width: 100%;
  /* 定义当前容器z轴的位置，即显示层叠顺序，值越大显示越靠上（最上面）*/
  z-index: 90;
  /* 定义当前容器的不透明级别（度）*/
  opacity: 0.92;
  /* 定义当前容器的背景色 */
  background-color: #fff;
  /* 定义当前容器内组件在x轴方向居中对齐 */
  align-items: center;
}

/* 语音识别结果文本显示容器样式 */
.cover_view .result {
  /* 字体加粗程度，值越大，显示越加粗 */
  font-weight: 800;
  margin-top: 100rpx;
  padding: 0px 40rpx;
  /* 强制英文单词断行 */
  word-break: break-all;
}
```

```
/* 录音及上滑取消提示框容器样式 */
.cover_view .main {
  /* 占父容器大小比例，这里相当于是100%，即宽度和高度都为100%，与父容器大小一致 */
  flex: 1;
  justify-content: center;
}

/* 取消提示图片样式 */
.voice_box image.cancel {
  width: 100rpx;
  height: 154rpx;
  margin-top: 30rpx;
  margin-bottom: 40rpx;
}

/* 录音及上滑取消提示框文本样式 */
.voice_box text.cancel {
  padding: 20rpx 30rpx;
  opacity: 0.92;
  background-color: #90150b;
  border-radius: 6rpx;
}

/* 录音弹框相关end */
```

7.5.3 开始录音

进入pages/search/search.js文件中，编写ev_voice_view_touchstart()函数，实现开始录音区域触摸动作的监听和捕获，并调用开始录音wx.startRecord()接口实现录音功能，具体代码及相关函数如下。

```
//获取应用实例
const app = getApp();
const util = require("../../utils/util.js");
const wx_api = require("../../utils/wx_api.js");
const http = require("../../utils/http.js");
const storage = require("../../utils/storage.js");
const common = require("../../utils/common.js");

Page({
  /**
   * 页面数据
   */
  data: {
    cover_view_ishidden:true,//录音弹框遮罩层是否隐藏
    voice_box_ishidden: true,//录音容器是否隐藏
    voice_result_ishidden: true,//语音识别结果是否隐藏
    voice_iscancel: false,//当前是否是取消发送录音操作
    voice_result: '',//语音识别结果
```

```
        cover_view_height:'',//录音弹框遮罩层显示高度
      },
    /**
       * 录音区域 触摸开始事件——开始录音
       * @param {Event} e 事件对象
       */
      ev_voice_view_touchstart: function (e) {
       //判断录音遮罩层是否处于隐藏状态，如果为否，表明当前事件已执行，则跳出此函数，避免事
件重复执行——这个判断很重要
        if (!this.data.cover_view_ishidden) return;

    var that=this;
    //保存（标识）是否触摸结束，用于判断避免重复开启录音
        this.is_touchend=false;
        console.log('touchstart');
        //保存 触摸开始y坐标
        this.touchstart_y = this._get_curr_clientY(e);
        console.log(this.touchstart_y);

        //获取录音用户授权
        wx_api.authorize_scope('scope.record', () => {
          if (this.is_touchend){
            console.log('authorize_scope is_touchend');
            return;
          }
          console.log('authorize_scope suc');
          that.setData({
            cover_view_ishidden: false,
            voice_box_ishidden: false,
            voice_result_ishidden: true,
            voice_iscancel: false,
            voice_result: '',
          });

          //用户已经同意授权的处理
          wx.startRecord({
            success: function (res) {
              console.log('============录音success========');
   //录音结束，上传语音音频文件获取识别结果
              that._record_over(res);
            },
            fail: function (res) {
              //录音失败，隐藏录音弹框及内部组件
              that.setData({
                cover_view_ishidden: true,
                voice_box_ishidden: true
              });
              wx_api.showToast('录音失败');
            }
          });
        }, () => {
```

```
        wx_api.showToast('同意录音授权后才能使用此功能');
      });
    },
  /**
    * 获取当前事件对象 触摸位置的y轴坐标
    * @param {Event} e 事件对象
    */
   _get_curr_clientY: function (e) {
     return e.changedTouches[0].clientY;
   }
  }
```

在ev_voice_view_touchstart()函数中，需要重点说明的是wx.startRecord()接口的用法，当主动调用 wx.stopRecord()接口停止录音，或者录音超过1分钟时自动结束录音，都会触发wx.startRecord()接口的success回调函数。在此函数中，进行上传语音音频文件获取识别结果处理。

7.5.4 上滑取消录音

进入pages/search/search.js文件中，编写ev_voice_view_touchmove()函数，实现录音区域触摸移动（滑动）动作的监听和捕获，并判断是否显示取消录音的提示框 ，具体代码及相关函数如下。

```
  Page({
  /**
    * 设置 录音是否已取消 并 返回
    * @param {Event} e 事件对象
    */
   _set_voice_iscancel: function (e) {
     var that = this;
     console.log('_set_voice_iscancel');
     //获取当前 触摸位置的y轴坐标
     var touchend_y = this._get_curr_clientY(e);
     console.log(this.touchstart_y + "     " + touchend_y);
     var voice_iscancel = false;
     //判断触摸开始和结束y轴坐标相差是否大于等于15,是,则表明符合"上滑取消"
     if (this.touchstart_y && this.touchstart_y - touchend_y >= 15) {
       voice_iscancel = true;
     }

     //为了避免重复、不必要的数据更新setData，这里的判断很有必要：即要更新的值与页面数据不一致时再做更新，这样能提升程序性能，项目越大或功能越复杂，效果就越明显
     if (this.data.voice_iscancel != voice_iscancel) {
       console.log('do set voice_iscancel');
       //设置页面数据：是否取消录音
       that.setData({
         voice_iscancel: voice_iscancel
       });
     }
     return voice_iscancel;
```

```
    },
    /**
     * 录音区域 触摸移动（滑动）事件——判断是否取消录音 或 继续
     * @param {Event} e 事件对象
     */
    ev_voice_view_touchmove: function (e) {
    //如果录音已结束 或 录音遮罩层处于隐藏状态，则跳出此函数
      if (this.record_isover || this.data.cover_view_ishidden) return;
      console.log('touchmove');
      this._set_voice_iscancel(e);
    },
}
```

上述代码中，定义的“上滑取消”规则是触摸开始和结束 y 轴坐标相差是否大于等于 15（这个数值是根据实际测试调校的，太大或太小操作体验都略差）。理解这个规则的前提是，我们需要弄清楚，以当前显示窗口区域左上角为起始坐标，即 0,0，横向为 x 轴，纵向为 y 轴，越靠下 y 轴坐标值越大。向上滑动，即滑动开始的 y 轴坐标值肯定大于滑动结束的 y 轴坐标值。

7.5.5 上传录音、识别语音

进入 pages/search/search.js 文件中，编写 ev_voice_view_touchend() 函数，实现录音区域触摸结束（离开）动作的监听和捕获，停止录音，（未取消录音情况下）上传录音音频文件、获取语音识别文本结果。具体代码及相关函数如下。

```
Page({
/**
   * 设置 语音搜索 默认的页面数据（隐藏相关组件及清空结果）
   */
  _set_default_voice_data:function(){
    this.setData({
      cover_view_ishidden: true,
      voice_box_ishidden: true,
      voice_result_ishidden: true,
      voice_iscancel: false,
      voice_result: '',
    });
    this.record_isover = false;
    console.log('_set_default_voice_data');
  },
 /**
   * 录音区域 触摸结束（离开）事件——停止录音
   * @param {Event} e 事件对象
   */
  ev_voice_view_touchend: function (e) {
    var that = this;
    //标记当前触摸结束
    this.is_touchend=true;
    //如果录音已结束 或 录音遮罩层处于隐藏状态，则跳出此函数
    if (this.record_isover || this.data.cover_view_ishidden) return;
```

```
    setTimeout(() => {
      console.log('touchend');
      //获取当前录音是否要取消
      var voice_iscancel = this._set_voice_iscancel(e);
      //重置（清空）触摸开始y轴坐标
      this.touchstart_y = null;
      //结束录音、触发录音结束成功回调函数
      wx.stopRecord();
      console.log('结束录音');

      if (voice_iscancel) {
        console.log('语音搜索已取消');
        setTimeout(() => {
          //显示"语音搜索已取消"的提示
          that.setData({
            cover_view_ishidden: false,
            voice_box_ishidden: true,
            voice_result_ishidden: false,
            voice_result: '语音搜索已取消',
          });
          console.log('语音搜索已取消---');

          setTimeout(() => {
            that._set_default_voice_data();
            console.log('语音搜索已取消 cover_view_ishidden');
          }, 2000);
        }, 200);
      } else {
        console.log('语音搜索发送');
      }
    }, 300);
  },
 /**
   * 录音结束上传音频获取识别结果
   * @param {*} res 录音结束成功回调的结果对象
   */
  _record_over:function(res){
    var that = this;
    //标记 录音已结束
    this.record_isover=true;
    //判断当前录音是否已取消，是：则跳出函数，不再上传录音音频
    if (that.data.voice_iscancel) return;
    //获取录音文件的临时路径 （本地路径）
    var tempFilePath = res.tempFilePath;
    console.log('tempFilePath  : ' + tempFilePath);

    if(!tempFilePath) return;

    //显示"正在识别中"的提示
    that.setData({
      voice_box_ishidden: true,
```

```
          voice_result_ishidden: false,
          voice_result: '正在识别中...',
        });
        //上传录音音频文件到服务端,获取语音识别结果
        http.uploadApi('index/post_record', tempFilePath, 'record', null, (er
r, res) => {
          if (err) {
        //隐藏语音搜索相关组件,还原初始状态
            that._set_default_voice_data();
            console.log(err);
            wx_api.showToast('上传错误,请稍候再试');
            return;
          }

          res = common.strtoJson(res);
          console.log(res);
          var mes = res.message;
          //显示识别文本
          that.setData({
            voice_result: mes
          });
          //延迟隐藏录音提示框,避免识别结果来不及显示
          setTimeout(function () {
            that._set_default_voice_data();
            if (res.result == 1) {
              mes = mes.replace('...','');
              that._do_search(mes, true);
            }
          }, 1500);
        });
      }
    }
```

在ev_voice_view_touchend()函数中，调用了多个定时器setTimeout()函数，其目的是为了让用户体验更接近微信发语音的效果。如果不用定时器，就会感觉缺少过渡，比如，效果切换太快、提示还没有看清就消失等。所以，有时候为了用户体验和效果，需要刻意让程序慢下来。

在_record_over()函数中，调用的是uploadApi()自定义文件上传函数，实现上传录音音频文件到服务端，获取语音识别结果。这个函数比较关键，是不少微信小程序开发初学者的难点，下面就此函数做具体讲解，代码如下。

```
    'use strict';
    /**
     * 常量: 接口根host路径
     */
    const API_HOST_URI = 'http://cwx_ipaoclassroom_sys/api/';//for 本地
    const storage = require('storage.js');

    /**
     * 执行文件上传请求
```

```
 * @param {*} url 接口相对url
 * @param {*} tempFilePath 本地文件路径
 * @param {*} fileName 文件表单字段名
 * @param {*} data 表单数据
 * @param {*} callback 回调函数
 */
function _do_upload(url, tempFilePath,fileName, data, callback){
  !data && (data = []);
  data.app_version = storage.appVersion();
  !fileName && (fileName = 'file');

  url = API_HOST_URI + url;
  console.log("url : " + url);
  console.log(data);

  //将本地文件上传到服务器，调用wx.uploadFile接口
  wx.uploadFile({
    url: url,
    filePath: tempFilePath,
    name: fileName,
    formData: data,
    success(res) {
      callback(null, res.data);
    },
    fail(e) {
      callback(e);
    }
  });
}

/**
 * 执行http网络请求
 * @param {*} url 接口相对url
 * @param {*} data 表单数据
 * @param {*} callback 回调函数
 * @param {*} method 请求方式：GET或POST，默认为：GET
 */
function _do_request(url, data, callback, method) {
  !data && (data = []);
  !method && (method = 'GET');
  data.app_version = storage.appVersion();

  url = API_HOST_URI + url;
  console.log("url : " + url + " | method: " + method);
  console.log(data);
  wx.request({
    url: url,
    data: data,
    method: method,
    header: { 'Content-Type': 'application/x-www-form-urlencoded' },
    success(res) {
```

```
        callback(null, res.data);
      },
      fail(e) {
        callback(e);
      }
    });
  }

  /**
   * module.exports即将当前文件中以下函数等公开，可以在其他文件中导入后调用
   */
  module.exports = {
    uploadApi: _do_upload,
    fetchApi: _do_request
  };
```

以上代码是在utils/http.js文件中编写的。这个文件封装了当前小程序项目所需要用到的网络请求相关的函数，方便在不同的页面等文件中调用，实现接口请求、文件上传等。

7.6　本章小结

本章通过一个知识付费类小程序项目中关键功能的讲解，带你学习和掌握动态模板布局、音频播放器、视频播放器和仿微信语音发送效果的语音搜索功能实现；了解和学会slider组件、video组件、背景音乐API、录音API和block标签的用法。学完本章内容，对于知识付费、音频和视频类的小程序开发，我们将能比较轻松地应对这些核心功能的开发。

第8章 垃圾分类：绿色当铺

垃圾分类是最近一两年比较热门的话题，也是国家及社会大力发展的对垃圾进行有效处置的一种科学管理方法。随着垃圾分类政策的不断深化，全国试点城市的不断扩大，垃圾分类方面的应用或系统开发，肯定会有很大的需求。本章将以绿色当铺垃圾分类小程序系统案例，讲解其中一些关键页面或核心功能的开发，比如，积分排行榜、上门回收、拍照打卡和自定义导航菜单等。通过本章案例的学习，读者将会熟悉垃圾分类小程序的开发，并掌握一些可以复用到其他项目开发中的一些高级开发技巧和功能实现。

学习思维导图

学习目标	自定义导航菜单：自定义组件的定义及实现 垃圾分类首页：页面实现 上门回收：页面实现、自定义组件高级用法 积分排行榜：页面实现 拍照打卡：页面实现、调用wx.chooseImage拍照 拍照打卡提交：页面实现、图片上传、表单提交 日期自定义组件列表搜索实现
重点知识	自定义组件 picker组件 form组件 表单提交 拍照API
关键词	picker、form、wx.chooseImage、排行榜

8.1 案例介绍

绿色当铺小程序是一个垃圾分类系统，用户可以浏览新闻资讯、参与平台活动、完善个人信息、邀请家庭成员，在线预约上门回收垃圾、小件和大件垃圾回收；参与垃圾回收及拍照打卡，可获得积分奖励，并可查看所在小区或楼栋的积分排行榜及自己家庭的排名，用户积分可在“积分商城”中兑换商品。通过居民监督、积分奖励，提升及培养社区居民，垃圾分类意识和积极性，很好地简化了垃圾分类流程，并提升垃圾分类的效率和效果。

8.2　关键功能解析：自定义导航菜单

本节将讲解自定义导航菜单。通过本节内容的学习，读者可以学会自定义组件的创建和使用，以及wx.redirectTo接口和wx.navigateTo接口的使用区别。

8.2.1　功能说明

在小程序首页和我的页面，需要显示底部导航菜单。如图8.1所示，其中红色框标记区域，即为导航菜单。因为它是非常规（大小一样、统一样式）的菜单，所以无法直接用小程序自带的导航菜单（在小程序项目app.json文件中添加tabBar配置）来实现。考虑到要在多个页面中使用，采用自定义组件实现是个不错的选择。

图8.1　首页导航菜单

8.2.2　功能实现

下面开始导航菜单自定义组件的代码编写，首先在components/nav/index.js文件中编写导航菜单的逻辑代码，具体如下。

```
 // components/nav/index.js
Component({
  /**
   * 组件的属性列表
   */
  properties: {
    /**
     * 当前选中菜单的索引
     */
    selected_index: {
      type: Number,//指定属性类型：数字
      value: "0" //默认值：0
    }
  },

  /**
   * 组件的初始数据
   */
  data: {

  },

  /**
   * 组件的方法列表
```

```
    */
  methods: {
    /**
     * 跳转到"识别"页面
     * @param {*} e
     */
    to_discern: function (e) {
      wx.navigateTo({
        url: '/pages/discern/discern'
      });
    },
    /**
     * 跳转到"首页"页面
     * @param {*} e
     */
    to_index: function (e) {
      console.log('to_index');
      this._to_page(e, '/pages/visit/visit');
    },
    /**
     * 跳转到"我的"页面
     * @param {*} e
     */
    to_my: function (e) {
      this._to_page(e, '/pages/my/my');
    },
    /**
     * 跳转到指定的导航页面
     * @param {*} e 事件对象
     * @param {*} page 页面路径
     */
    _to_page: function (e,page) {
      //获取当前点击事件触发组件上的自定义数据index
      let num = e.currentTarget.dataset.index;
      num = parseInt(num);
      //如果当前选中菜单的索引 等于 要跳转页面菜单的索引,则跳出此函数; 避免重复跳转页面
      if (this.properties.selected_index==num) return;

      wx.redirectTo({
        url: page,
      });
    },
  }
})
```

上述代码比较简洁，主要是实现跳转到对应的导航页面。自定义组件是用Component()函数，构造对象实例，其他都与页面实现一样。需要重点说明的是，在_to_page()函数中，页面跳转用的是wx.redirectTo接口。为什么不用wx.navigateTo接口呢？这个正是困扰不少小程序初学者的问题，也是容易用错的接口。回答这个问题需要先弄清楚这两个接口的区别：wx.redirectTo接口会关闭当前页面，跳转后无法再返回；而wx.navigateTo接口不会关闭当前

页面，跳转后可以返回（上一页面）。再结合项目的实际需求，因为要跳转的是一级导航页面，所以不需要返回。假如这里的跳转换成wx.navigateTo接口，就会导致标题栏上显示“返回”按钮，不需要、也影响页面美观。

其次，在components/nav/index.wxml文件中，编写自定义导航菜单的布局代码，具体如下。

```
<!--components/nav/index.wxml-->
<view class="nav_view">
  <image bindtap="to_discern" class="scan_item" src="/images/scan.png"></image>
  <image bindtap="to_index" data-index="0" class="nav_item" style="margin-left:70rpx" src="/images/index{{selected_index==0?'_on':''}}.png"></image>
  <image bindtap="to_my" data-index="1" class="nav_item" style="margin-right:70rpx" src="/images/my{{selected_index==1?'_on':''}}.png"></image>
</view>
```

如上述代码，自定义组件的属性，与页面或组件数据用法一样，可以直接在页面中使用双花括号进行取值判断。这里，根据selected_index属性值，判断菜单的选中状态并显示相应的图片。

再次，在components/nav/index.wxss文件中，编写自定义导航菜单的样式代码，具体如下。

```
/* components/nav/index.wxss */
/* 定义自定义导航菜单容器的样式 */
.nav_view {
  position: fixed;/* 固定、停靠定位 */
  bottom: 0px;/* y轴从底部开始位置 */
  left: 0px;/* x轴从左侧开始位置 */
  display: flex;/* 布局方式：flex */
  justify-content: space-between; /*（x轴水平方向）两端对齐 */
  align-items: center;/*（y轴纵向）居中对齐 */
  background-color: #fff;/* 设置背景色 */
  padding: 10rpx 0px 20rpx;/* 设置内侧间距（上：10rpx，左右：0，下：20rpx）*/
  width: 100%;
  /* 设置z轴方向显示层级，数字越大越靠上层显示，默认为0 */
  z-index: 10;
}

/* 定义中间菜单的样式 */
.nav_view .scan_item {
  position: absolute;/* 绝对定位 */
  bottom: 30rpx;/* y轴从底部开始位置 */
  width: 185rpx;
  height: 185rpx;
  left: 282rpx;/* x轴从左侧开始位置 */
}

/* 定义两侧菜单的样式 */
.nav_view .nav_item {
  width: 46rpx;
  height: 77rpx;
  padding: 0px 40rpx;
}
```

最后，在components/nav/index.json文件中，编写自定义导航菜单的组件配置代码，具体如下。

```
{
   "component": true,//声明当前是自定义组件，这个很关键，否则，其他页面将无法正常使用此组件
   "usingComponents": {}//当前组件需要用到的组件配置，一般用不上
}
```

8.3 垃圾分类首页

本节将讲解垃圾分类首页的开发。通过本节内容的学习，读者可以学会图标功能菜单的实现，以及如何在小程序中实现复杂的页面布局及功能。

8.3.1 功能说明

垃圾分类首页从上到下依次显示：轮播banner、功能菜单、图片导航菜单、积分数据展示和自定义导航菜单。界面效果如图8.2所示。

图8.2　垃圾分类首页

8.3.2 布局实现

下面开始编写页面结构和样式，首先在pages/index/index.wxml文件中编写布局代码，具体如下。

```
<view class="pageContainer">
  <view class="main_view">
        <!-- 轮播banner -->
        <swiper class='banner_swiper' indicator-dots="{{indicatorDots}}" indicator-active-color="#fff" autoplay="{{autoplay}}" interval="{{interval}}" duration="{{duration}}">
              <block wx:for="{{banner_list}}" wx:for-item="item" wx:key="id">
                    <swiper-item>
                          <image bindtap='ev_banner' data-index="{{index}}" src="{{item.image}}" class="slide-image" />
                    </swiper-item>
              </block>
        </swiper>
        <!-- 功能菜单 -->
        <view class="menu_view">
              <block wx:for="{{menu_items}}" wx:for-item="item" wx:key="path">
                    <view bindtap="ev_menu" class="{{((index+1)%4==0)?'last_menu':''}}" data-index='{{index}}'>
                          <image src="/images/menu/{{item.icon}}.png"></image>
                          <text>{{item.text}}</text>
```

```
                    </view>
                </block>
            </view>
            <!-- 图片导航菜单 -->
            <view class="img_menu">
                <view class="call" bindtap="ev_to_smhs">
                    <image src="/images/smhs.png"></image>
                </view>
                <view class="menu_rt">
                    <navigator url='/pages/volunteer/volunteer'>
                        <image src="/images/tgj.png"></image>
                    </navigator>
                    <navigator style="margin-top:10rpx;" url='/pages/
clock/index'>
                        <image src="/images/pzdk.png"></image>
                    </navigator>
                </view>
            </view>
            <!-- 积分数据展示 -->
            <view class="data_view">
                <view class="data_item">
                    <view>{{data_info.today_integral}}</view>
                    <text>今日积分</text>
                </view>
                <view class="data_item">
                    <view>{{data_info.recovery_count}}</view>
                    <text>分类次数</text>
                </view>
                <view class="data_item">
                    <view>{{data_info.total_integral}}</view>
                    <text>累计积分</text>
                </view>
            </view>
        </view>
    </view>
    <!-- 自定义导航菜单，设置：当前选中菜单的索引 selected_index=0 -->
    <nav_index selected_index="0"></nav_index>
```

在上述代码中，轮播banner使用的是swiper组件，其用法在第2章中有具体讲解说明，这里就不再赘述。

功能菜单区域，通过循环遍历页面数据menu_items（功能菜单项数组），进行渲染每个功能菜单项，这样实现就比较简洁，扩展性或可维护性也比较好。如果想增删菜单项，只需修改menu_items即可。其中，每行显示4个菜单且最后一项，具有特殊样式（右侧外间距为0），所以需要根据循环的索引判断——当前菜单项的序号（索引+1）是否是4的倍数，即除以4取余（模运算）是否等于0，是则表明是每行的最后一个菜单项。

其次，在pages/index/index.wxss文件中，编写样式代码，具体如下。

```
/* 定义页面容器样式 */
.pageContainer {
```

```
  padding-bottom: 250rpx;
}
/* 定义页面主区域容器样式 */
.main_view {
  width: 690rpx;
  display: flex;
  flex-direction: column;
}
/* 定义轮播banner样式 */
.banner_swiper {
  height: 262rpx;
}
/* 定义轮播banner项及图片样式 */
.banner_swiper .slide-image {
  width: 100%;
  height: 100%;
}

/* 定义功能菜单容器样式 */
.menu_view {
  margin: 10rpx 0rpx; /* 外侧间距（上下: 10rpx,左右: 0px）*/
  display: flex; /* 布局方式: flex */
  flex-wrap: wrap;  /* 超出主轴显示区域,则换行显示 */
}

/* 定义功能菜单项样式 */
.menu_view>view {
  display: flex; /* 布局方式: flex */
  flex-direction: column; /* y轴为主轴 */
  width: 114rpx;
  align-items: center;  /* x轴方向水平对齐 */
  margin-right: 76rpx;
  margin-bottom: 16rpx;
}
/* 定义功能菜单（每行）最后一项样式 */
.menu_view>view.last_menu {
  margin-right: 0; /* 右侧外间距为0 */
}
/* 定义功能菜单项图片样式 */
.menu_view>view>image {
  width: 109rpx;
  height: 109rpx;
}
/* 定义功能菜单项文本样式 */
.menu_view>view>text {
  font-size: 22rpx;
  font-weight: bold; /* 字体加粗 */
  color: rgba(71, 71, 71, 1);
}
/* 定义图片导航菜单容器样式 */
.img_menu {
```

```
  display: flex; /* 布局方式: flex */
}
/* 定义图片导航菜单图片样式 */
.img_menu image {
  border-radius: 6rpx; /* 边框圆角弧度 */
}
/* 定义上门呼叫菜单图片样式 */
.img_menu .call>image {
  width: 344rpx;
  height: 306rpx;
}
/* 定义图片导航菜单右侧容器样式 */
.img_menu .menu_rt {
  flex: 1; /* 宽度为父容器(剩余部分)的100% */
  display: flex;/* 布局方式: flex */
  flex-direction: column;
  margin-left: 10rpx;
}
/* 定义图片导航菜单右侧图片样式 */
.img_menu .menu_rt image {
  width: 100%;
  height: 144rpx;
}

/* 定义积分数据展示容器样式 */
.data_view {
  width: 662rpx;
  background: rgba(255, 255, 255, 1);/* 背景色 */
  box-shadow: 0rpx 4rpx 26rpx 3rpx rgba(171, 171, 171, 0.36);/* 边框阴影效果 */
  border-radius: 10rpx;/* 边框圆角弧度 */
  display: flex;
  padding: 30rpx 0px;
  align-self: center; /* 设置当前容器,居中对齐显示 */
  margin: 20rpx 0px;
}

/* 定义积分数据展示项的样式 */
.data_view .data_item {
  flex: 1;
  display: flex;
  flex-direction: column;
  align-items: center;
  border-right: 2rpx solid #dddddc; /* 右侧边框样式 */
}

/* 定义积分数据展示最后一项的样式 */
.data_view .data_item:last-child {
  border-right: 0px;
}

/* 定义积分数据展示项view组件样式 */
```

```
.data_view .data_item>view {
  font-size: 46rpx;
  color: rgba(253, 167, 78, 1);
  margin-bottom: 6rpx;
}

/* 定义积分数据展示项text组件样式 */
.data_view .data_item>text {
  font-size: 24rpx;
  color: rgba(181, 181, 181, 1);
  font-weight: 600;
}
```

8.3.3 功能实现

进入pages/index/index.js文件中，编写首页的逻辑代码，具体如下。

```
//index.js
//获取应用实例
const app = getApp();
const util = require('../../utils/util.js');
const wx_api = require('../../utils/wx_api.js');
const http = require('../../utils/http.js');
const storage = require('../../utils/storage.js');
const common = require('../../utils/common.js');

Page({
  data: {
   //轮播banner相关属性值
   indicatorDots: true,
    autoplay: true,
    interval: 5000,
    duration: 1000,

    family_invite_tip: false,
    family_invite_tag: 1,
    //功能菜单-菜单项数组配置
    menu_items: [{
        icon: 'article', //菜单图片名
        path: 'article/article', //菜单跳转页面相对路径
        text: '新闻中心' //菜单显示文本
      },
      {
        icon: 'huodong',
        path: 'article/huodong',
        text: '活动中心'
      },
      {
        icon: 'gift',
        path: 'gift/gift',
        text: '积分商城'
```

```
      },
      {
        icon: 'rank',
        path: 'rank/rank',
        text: '排行榜'
      },
      {
        icon: 'xxbld',
        path: 'visit/visit?is_big=0',
        text: '上门收小件'
      },
      {
        icon: 'visit_1',
        path: 'visit/visit?is_big=1',
        text: '上门收大件'
      },
      {
        icon: 'cysj',
        path: 'shcyjl/shcyjl',
        text: '餐厨数据'
      },
      {
        icon: 'discern',
        path: 'discern/discern',
        text: '一键识别'
      },
    ],
    //轮播banner列表
    banner_list: null,
    //积分数据对象
    data_info: {
      today_integral: 0,
      recovery_count: 0,
      total_integral: 0,
    }
  },
  /**
   * "上面回收"菜单项点击事件
   * @param {*} e
   */
  ev_to_smhs: function () {
    wx.navigateTo({
      url: '/pages/call/call',
    });
  },
  /**
   * 功能菜单项点击事件
   * @param {*} e
   */
  ev_menu: function (e) {
   //获取当前点击菜单项组件上的自定义数据index
```

```
    let index = e.currentTarget.dataset.index;
   //根据index获取当前点击菜单项（跳转页面路径）信息
    let item = this.data.menu_items[index];
    if (item.icon == 'discern') {
      wx_api.showModal_tip('此功能暂未开放');
      return;
    }

    wx.navigateTo({
      url: '/pages/' + item.path
    });
  },
  /**
   * 页面加载事件
   */
  onLoad: function (option) {
    app.log("onLoad");
    this.load_data();
  },
  /**
   * 页面下拉刷新事件
   */
  onPullDownRefresh: function () {
    console.log('onPullDownRefresh');
    this.load_data(true);
  },
  /**
   * 获取数据
   * @param {boolean} is_Refresh 是否是下拉刷新
   */
  load_data: function (is_Refresh) {
    wx_api.showLoading();
    let com_fun = () => {
      wx_api.hideLoading();
      is_Refresh && wx.stopPullDownRefresh(); //停止下拉刷新
    };
    //信息获取
    util.getMyApiResult('index/home', null, (res) => {
      console.log(res);
      com_fun();
      if (!res.result || !res.data) {
          var tip = (!res.result && res.message) ? res.message : wx_api.
nodata_tip;
        wx_api.showModal_tip(tip);
        return;
      }
      var data = res.data;
      this.setData({
        data_info: data
      });
    }, null, false);
```

```
  },
  /**
   * 用户点击右上角分享
   */
  onShareAppMessage: function () {

  }
});
```

这样首页已经实现，但并没有真正完成，因为使用了导航菜单自定义组件，必须要在页面配置文件pages/index/index.json中，进行如下配置。

```
{
  "usingComponents": { //要使用的自定义组件配置
    "nav_index": "/components/nav/index" //格式为，组件别名：组件路径
  }
}
```

8.4　上门回收页

本节将讲解上门回收页的开发，功能点包括布局实现、页面加载及数据获取、回收分类复选实现、(自定义组件)确认取消弹框、回收分类物品弹框、时间段选择和在线预约表单提交。通过本节内容的学习，读者可以学会如何获取页面参数，自定义组件的高级用法，以及表单提交功能的实现。

8.4.1　功能说明

上门回收分为小件和大件回收页，从上到下分别要显示：支持复选的可回收垃圾分类、上门时间段选择、用户地址展示、回收提示和在线下单按钮。界面效果如图8.3和图8.4所示。

图8.3　上门回收小件页

图8.4　上门回收大件页

8.4.2 布局实现

下面开始编写页面结构和样式，首先在pages/visit/visit.wxml文件中编写布局代码，具体如下。

```
<!--pages/visit/visit.wxml-->
<view class="pageContainer">
  <!-- 表单 -->
  <form bindsubmit="ev_formSubmit">
    <!-- 表单主体容器 -->
    <view class='view_main'>
      <!-- 可回收垃圾分类选择容器 -->
      <view class="type_view">
        <block wx:for="{{data_info.type}}" wx:for-item="item" wx:key="id">
          <view class="type_item" catchtap='showTip' data-index='{{index}}' style="{{index%3==0?'margin-left: 0rpx;':''}}">
            <image catchtap='ev_type_checkornot' data-id="{{item.id}}" class="ck_icon" src="/images/visit/yuan_{{item.checked?'1':'0'}}.png"></image>
            <image class="item_img" src="/images/visit/{{item.id}}.png" mode='aspectFit'></image>
            <view>废旧{{item.name}}</view>
            <text wx:if="{{item.is_big}}">{{item.remark}}</text>
            <text wx:else>需超过{{item.collect_min}}{{item.unit_name}}</text>
            <image class="arrow_icon" src="/images/visit/more.png"></image>
          </view>
        </block>
      </view>
      <!-- 上门时间段选择容器 -->
      <view class='group_view'>
        <text>上门时间段</text>
        <picker bindchange="timeChange" range="{{time_list}}" range-key="name">
          <view class="item_right picker">
            <text>{{subscribe_time?subscribe_time:time_show_def}}</text>
            <image src="/images/visit/arrowright.png"></image>
          </view>
        </picker>
      </view>
      <view class='group_view'>
        <text>我的地址</text>
        <view class="item_right">
  {{data_info.user.live_xiaoqu}}{{data_info.user.live_dong}}{{data_info.user.live_danyuan}}{{data_info.user.live_doornumber}}
        </view>
      </view>
    </view>
    <view class='flex-col flex-acenter'>
      <text class="tip_view">每个地址每周仅限下单一次</text>
      <!-- 表单提交按钮 -->
      <button wx:if="{{data_info.is_open}}" class='btn_primary' formType="submit">下单</button>
```

```
      <!-- 下单按钮不可用状态 -->
      <view wx:else class='btn_primary dis_enable'>下单</view>
    </view>
  </form>
</view>

<!-- "暂未开通此功能"弹框 -->
<view class="close_tip_view"  wx:if="{{is_close_tip}}">
  <view>
    <image src="/images/tanhao.png"></image>
    <text>暂未开通此功能</text>
    <button class='btn_primary' bindtap="closeNoOpenTip">关闭</button>
  </view>
</view>
```

其次，在pages/visit/visit.wxss文件中，编写样式代码，具体如下。

```
/* 定义表单主体容器样式 */
.view_main {
  padding: 0rpx 0px 50rpx;
  width: 660rpx;
  display: flex;
  flex-direction: column;
}
/* 定义可回收垃圾分类选择容器样式 */
.view_main .type_view {
  display: flex;
  flex-flow: wrap;
  align-items: center;
  margin-bottom: 20rpx;
}
/* 定义可回收垃圾分类项样式 */
.type_view .type_item {
  width: 152rpx;
  background: rgba(255, 255, 255, 1);
  /* 边框阴影样式 */
  box-shadow: 0rpx 3rpx 9rpx 0rpx rgba(30, 31, 31, 0.22);
  border-radius: 10rpx;
  display: flex;
  flex-direction: column;
  align-items: center;
  padding: 6rpx 20rpx 20rpx;
  margin-left: 40rpx;
  margin-top: 30rpx;
}
/* 定义可回收垃圾分类第一项样式 */
.type_view .type_item:first-child {
  margin-left: 0rpx;
}
/* 定义可回收垃圾分类选中图标样式 */
.type_item .ck_icon {
  width: 40rpx;
```

```
  height: 38rpx;
  align-self: flex-end;/* 设置当前组件交叉轴方向：以结尾对齐 */
  padding: 2rpx 16rpx 6rpx;
  margin-right: -20rpx;
}
/* 定义可回收垃圾分类项图片样式 */
.type_item .item_img {
  max-height: 88rpx;
  max-width: 99rpx;
  margin-bottom: 6rpx;
}
/* 定义可回收垃圾分类项下一级子元素view样式 */
.type_item>view {
  font-size: 30rpx;
  font-weight: 500;
  color: rgba(54, 54, 54, 1);
}
/* 定义可回收垃圾分类项下一级子元素text样式 */
.type_item>text {
  font-size: 20rpx;
  font-weight: 500;
  color: rgba(54, 54, 54, 1);
  margin: 10rpx 0px;
  max-width: 146rpx;
  overflow: hidden;
  height: 30rpx;
  text-align: center;
}
/* 定义可回收垃圾分类项箭头图片样式 */
.type_item .arrow_icon {
  width: 25rpx;
  height: 17rpx;
}
/* 定义分组项样式 */
.group_view {
  background: rgba(255, 255, 255, 1);
  box-shadow: 0rpx 3rpx 9rpx 0rpx rgba(30, 31, 31, 0.22);
  border-radius: 10rpx;
  padding: 38rpx 40rpx;
  display: flex;/* 布局方式：flex,默认水平x轴方向为主轴 */
  justify-content: space-between;/* 设置子组件主轴方向：两端对齐 */
  align-items: center;/* 设置子组件交叉轴方向：居中对齐 */
  margin-top: 20rpx;
}
/* 定义分组项text和右侧的样式 */
.group_view>text, .group_view .item_right {
  font-size: 30rpx;
  font-weight: 500;
  color: rgba(54, 54, 54, 1);
}
```

```
/* 定义分组项右侧的样式 */
.group_view .item_right {
  display: flex;
  align-items: center;
}

.group_view .picker>text {
  font-size: 30rpx;
  font-weight: 500;
  color: rgba(114, 114, 114, 1);
}

.group_view .picker>image {
  width: 24rpx;
  height: 14rpx;
  margin-left: 40rpx;
}
/* 表单提示样式 */
.tip_view {
  font-size: 30rpx;
  font-weight: 500;
  color: rgba(192, 192, 192, 1);
  margin: 55rpx 0 24rpx;
}
/* 下单提交按钮样式 */
.btn_primary {
  width: 454rpx;
  height: 79rpx;
  background: rgba(141, 193, 86, 1);
  box-shadow: 0rpx 9rpx 0rpx 0rpx rgba(112, 174, 46, 1);
  border-radius: 30rpx;
  display: flex;
  align-items: center;
  justify-content: center;
}
/* 提交按钮禁用样式 */
.dis_enable {
  background: rgba(211, 211, 211, 1);
  box-shadow: 0rpx 9rpx 0rpx 0rpx rgba(155, 155, 155, 1);
}
```

8.4.3　页面加载及数据获取

进入pages/visit/visit.js文件中，编写onLoad()等函数，实现页面加载及数据获取。具体代码如下。

```
Page({
  /**
   * 页面的初始数据
   */
  data: {
```

```
    /**
     * 上门时间段数组
     */
    time_list: [{
        id: 1,
        name: "8:00-9:00"
      },
      {
        id: 2,
        name: "9:00-10:00"
      },
      {
        id: 3,
        name: "10:00-11:00"
      },
      {
        id: 4,
        name: "11:00-12:00"
      },
      {
        id: 5,
        name: "12:00-13:00"
      },
      {
        id: 6,
        name: "13:00-14:00"
      },
      {
        id: 7,
        name: "14:00-15:00"
      },
      {
        id: 8,
        name: "15:00-16:00"
      },
      {
        id: 9,
        name: "16:00-17:00"
      },
      {
        id: 10,
        name: "17:00-18:00"
      },
    ],
    /**
     * 接口返回数据（大件或小件可回收垃圾信息、用户地址等）
     */
    data_info: {},
    /**
     *（当前）选择的上门回收时间段
     */
```

```
      subscribe_time:''
    },
    /**
     * 生命周期函数--监听页面加载
     */
    onLoad: function(options) {
      //获取页面参数is_big: 是否是大件回收，并存放到当前页面对象中，方便其他地方判断使用
      this.is_big = options.is_big;

      //获取当前时间: 小时
      var hour = new Date().getHours();
      //定义可选择的时间段数组
      var list = [];
      //可选择时间段: 8:00~18:00
      if (hour < 18) {
        //计算要截取的可选择时间段的索引
        var start = hour > 8 ? hour - 8 : 0;
        //从start为开始索引位置，截取数组并返回
        list = this.data.time_list.slice(start);
      }

      //更新页面数据
      this.setData({
        time_list: list,//可选择时间段的列表
         time_show_def: (list.length?'请选择':'不在服务时间段') //可选择时间段的
默认提示
      });

      //获取数据
      this.load_data();
    },
    /**
     * 加载数据
     */
    load_data: function(is_Refresh) {
      wx_api.showLoading();
      let com_fun = () => {
        wx_api.hideLoading();
        is_Refresh && wx.stopPullDownRefresh(); //停止下拉刷新
      };
      var that = this;
      //信息获取
       util.getMyApiResult('recovery/garbage_type', { is_big: this.is_big},
(res) => {
        console.log(res);
        com_fun();
        //判断接口返回值，是否失败 或 未获取到数据
        if (!res.result || !res.data) {
          //显示失败提示
            var tip = (!res.result && res.message) ? res.message : wx_api.
nodata_tip;
```

```
          wx_api.showModal_tip(tip, that, () => {
            if (res.data == 1) {
              wx.redirectTo({
                url: '../my_info/my_info',
              });
            } else {
              // 返回上一页 或 跳到"首页"
              wx.navigateBack();
            }
          });
          return;
        }

        //更新页面数据
        let data = res.data;
        that.setData({
          data_info: data,
          is_close_tip: !data.is_open //当前回收服务是否关闭
        });
      });
    }
  })
```

如上述代码，由于这个页面相当于一个公共页面，实现大件和小件上面回收订单的在线提交，所以需要在页面加载事件onLoad()函数中，获取页面参数is_big，用于请求并展示大件或小件的垃圾分类数据。在微信小程序中，页面传值一般通过onLoad()函数的参数中获取；如大件上门回收页面跳转url为：pages/visit/visit?is_big=1，则获取页面参数，代码为：options.is_big（options为onLoad函数的参数名）。

上门时间段需要根据当前时间判断，过滤（排除）掉不在可选时间范围内且已过期的时间，这里用到系统函数slice：从指定开始索引位置截取数组并返回。

8.4.4 回收分类复选实现

进入pages/visit/visit.js文件中，编写ev_type_checkornot()函数，实现可回收垃圾分类复选，点击后根据当前状态判断，切换显示已选或未选的状态。具体代码如下。

```
Page({
  /**
   * 可回收垃圾分类选择项目，选中或取消事件
   */
  ev_type_checkornot: function (e) {
    //获取当前点击项组件上的自定义数据id
    var id = e.currentTarget.dataset.id;
    //遍历可回收垃圾分类数组
    for (var i = 0; i < this.data.data_info.type.length; i++) {
      //判断、找到当前点击项的数据
      if (this.data.data_info.type[i].id == id) {
        let temp = {};
        //设置要更新的页面数据，将当前点击项的选中状态切换，即将目前的选中状态取反
```

```
            temp["data_info.type[" + i + "].checked"] = !this.data.data_info.
type[i].checked;
    //更新页面数据
            this.setData(temp);
            break;
          }
        }
      }
    })
```

8.4.5　自定义组件：确认取消弹框

在绿色当铺小程序中，有多个页面或功能实现，都需要用到相同样式的确认取消（可关闭的）弹框，比如，回收分类物品弹框，如图8.5所示。

图8.5　回收分类物品弹框

这样，我们就很有必要将这个弹框进行封装，写一个方便在不同页面使用的组件。

下面开始“确认取消弹框”自定义组件的代码编写，首先在components/popup/confirm.js文件中编写逻辑代码，具体如下。

```
 // 自定义组件：确认弹框
Component({
  /**
   * 组件的属性列表
   */
  properties: {
    /**
     * 弹框标题
     */
    title:{
      type:String,
      value:""
    },
    /**
     * 弹框提示内容
     */
    content: {
      type: String,
      value: ""
    },
    /**
     * 是否显示取消按钮
     */
    showCancel:{
      type: String,
      value:'true'
    },
    /**
     * 确认按钮显示文本，如果为空，则不显示
```

```
      */
    confirmText:{
      type:String,
      value:"确定"
    }
  },

  /**
   * 组件的初始数据
   */
  data: {
    title:"提示",
    content:"",
    showCancel:'',
    confirmText:"确定"
  },
  /**
   * 组件开始渲染的事件,类似于页面的onload事件
   */
  attached:function(){
    if(this.properties.showCancel == "false"){
      //设置取消按钮的样式: 隐藏
      this.setData({
        showCancel:'hide'
      });
    }
  },
  /**
   * 组件的方法列表
   */
  methods: {
    /**
     * 点击"确认"按钮事件
     */
    ok: function () {
      //触发（使用）自定义组件上绑定的ClickOk事件
      this.triggerEvent('ClickOk')
    },
    /**
     * 点击"取消"按钮事件
     */
    cancel:function(){
      //触发（使用）自定义组件上绑定的ClickCancel事件
      this.triggerEvent('ClickCancel')
    }
  }
})
```

其次，在components/popup/confirm.wxml文件中，编写“确认取消弹框”自定义组件的布局代码，具体如下。

```
<!-- 弹框遮罩层容器 -->
<view class='mask-black'>
  <!-- 弹框主体内容部分 -->
  <view class='mask-content'>
    <!-- 弹框标题栏 -->
    <view class='mask-content-title' wx:if="{{title != ''}}">
      <view class='pos'></view>
      <view class='title'>{{title}}</view>
      <view class='close' bindtap='cancel'>
        <image class='{{showCancel}}' src='/images/icon_close.png'></image>
      </view>
    </view>
    <!-- 弹框内容 -->
    <view class='mask-content-body'>
      {{content}}
     <!-- slot相当于模板占位标签，用于将使用自定义组件时，内部组件或内容替换到此位置 -->
      <slot />
    </view>
    <!-- 弹框确定按钮区域 -->
    <view class='mask-opt' wx:if="{{confirmText != ''}}">
      <button class='mask-opt-ok' bindtap='ok'>{{confirmText}}</button>
    </view>
  </view>
</view>
```

在上述代码中使用了slot标签，其用法需要重点说明一下。在自定义组件的 wxml 中包含 slot 节点（标签），用于承载组件使用者提供的 wxml 结构。slot标签相当于模板占位标签，用于将使用自定义组件时，内部组件或内容替换到此位置。

再次，在components/popup/confirm.wxss文件中，编写样式代码，具体如下。

```
/* 弹框遮罩层容器样式 */
.mask-black, .mask-white {
  width: 100%;
  height: 100%;
  position: fixed;
  z-index: 998;
  top: 0;
  left: 0;
  display: flex;
  justify-content: center;
  align-items: center;
}
/* 弹框遮罩层背景色和透明度 */
.mask-black {
  background-color: rgba(0, 0, 0, 0.4);
}
/* 弹框主体内容部分样式 */
.mask-content {
  background: #fff;
  z-index: 99;
  min-width: 520rpx;
```

```
    width: 70%;
    margin-top: -30%;
    border-radius: 25rpx;
  }
  /* 弹框主体内容部分和标题栏样式 */
  .mask-content .mask-content-title {
    background-color: #71ab01;
    border-radius: 25rpx 25rpx 0 0;
    height: 120rpx;
    padding: 0 15rpx;
    font-size: 30rpx;
    color: #fff;
    display: flex;
    justify-content: space-between;
    align-items:center;
  }

  /* 弹框标题栏样式：标题及关闭按钮样式 */
  .mask-content .mask-content-title .pos{flex: 1}
  .mask-content .mask-content-title .title{flex:4;text-align: center;font-
size: 34rpx;}
  .mask-content .mask-content-title .close{flex:1;text-align: right;margin-
right: 15rpx}
  .mask-content .mask-content-title .close image{width: 34rpx;
  height: 34rpx;
  }

  /* 弹框内容样式 */
  .mask-content .mask-content-body {
  padding: 25rpx 15rpx;
  background-color: #fff;
  min-height: 150rpx;
  display: flex;
  justify-content: center;
  align-items: center;
  font-size: 34rpx;
  color: #444;
  border-radius: 25rpx;
  }
  /* 弹框内容按钮区域样式 */
  .mask-content .mask-opt {
    text-align: center;
    background-color: #fff;
    border-radius: 0 0 25rpx 25rpx;
    padding-bottom: 30rpx
  }

  .mask-content .mask-opt-cancel {
    width: 49%;
    border-right: 1rpx solid #e8e8e8;
    background-color: #fff;
```

```
    color: #666;
  }

  .mask-content .mask-opt-ok {
    width:70%;
    color: #fff;
    background-color: #71ab01;
  }
  /* 按钮样式 */
  button, .btn {
    display:inline-block;
    padding:10rpx 26rpx;
    font-size:34rpx;
    text-align:center;
    font-family:"\5fae\8f6f\96c5\9ed1";
    white-space:nowrap;
    vertical-align:middle;
    touch-action:manipulation;
    -webkit-user-select:none;
    user-select:none;
    background-image:none;
    border:0;
    line-height: 70rpx;
  }
  /* 隐藏样式 */
  .hide{display: none}
```

最后，在components/popup/confirm.json文件中，编写组件配置代码，具体如下。

```
  {
     "component": true,//声明当前是自定义组件，这个很关键，否则，其他页面将无法正常使
用此组件
    "usingComponents": {}//当前组件需要用到的组件配置，一般用不上
  }
```

8.4.6　回收分类物品弹框

回收分类物品弹框，需要用到“确认取消弹框”自定义组件。首先，进入pages/visit/visit.json文件中，进行页面配置。具体代码如下。

```
  {
    "enablePullDownRefresh": false,//禁用下拉刷新
    "usingComponents": {//配置要使用的自定义组件
      "confirm": "/components/popup/confirm" //格式为，组件别名：组件相对路径
    }
  }
```

其次，在pages/visit/visit.wxml文件中，编写回收分类物品弹框的布局代码，具体如下。

```
  <!-- 自定义组件：垃圾分类物品展示弹框 -->
  <confirm wx:if="{{show_tip}}" confirmText="" bind:ClickCancel="closeTip"
title="{{show_tip}}">
    <!-- 垃圾分类物品展示区域容器 -->
```

```
      <view class='flex flex-jsb'>
        <view class='type_tip flex flex-wrap'>
          <!-- 遍历输出渲染垃圾分类物品数组tip_list -->
          <block wx:for="{{tip_list}}" wx:for-item="item" wx:key="*">
              <view class='tip_item' style="{{(index-1)%3==0?'margin: 25rpx 50rpx;':''}}">
              <image src='/images/smhs/{{item.image}}'></image>
              <text>{{item.name}}</text>
            </view>
          </block>
        </view>
        <view></view>
      </view>
    </confirm>
```

如上述代码，在confirm组件上设置了组件的属性：confirmText和title，并绑定了组件的ClickCancel事件。confirm组件内部的wxml代码，在页面渲染时，将替换confirm自定义组件的slot标签。

再次，在pages/visit/visit.wxss文件中，编写回收分类物品弹框的样式代码，具体如下。

```
/* 垃圾分类物品展示内容区域样式 */
.type_tip {
  width: 504rpx;
}
/* 垃圾分类物品展示内容项的样式 */
.type_tip .tip_item {
  margin: 25rpx;
  display: flex;
  flex-direction: column;
}
/* 垃圾分类物品展示内容项图片的样式 */
.type_tip .tip_item image {
  width: 102rpx;
  height: 102rpx;
}
/* 垃圾分类物品展示内容项文本的样式 */
.type_tip .tip_item text {
  text-align: center;
  font-size: 24rpx;
  font-weight: 400;
  color: rgba(49, 49, 49, 1);
  margin-top: 6rpx;
}
```

最后，在pages/visit/visit.js文件中，编写回收分类物品弹框的相关的逻辑代码：垃圾分类物品数据定义、物品展示弹框的显示与关闭。具体如下。

```
Page({
  /**
   * 页面的初始数据
   */
  data: {
```

```
// 垃圾分类物品展示数据start
tip_list_jinshu: [{
    name: "易拉罐",//物品名称
    image: "jinshu_1.png"//物品图片名称
  },
  {
    name: "金属锅",
    image: "jinshu_2.png"
  },
  {
    name: "烧水壶",
    image: "jinshu_3.png"
  },
  {
    name: "奶粉罐",
    image: "jinshu_4.png"
  },
  {
    name: "电子元件",
    image: "jinshu_4.png"
  },
  {
    name: "螺丝钉",
    image: "jinshu_6.png"
  }
],
tip_list_feizhi: [{
    name: "书籍",
    image: "feizhi_1.png"
  },
  {
    name: "杂志",
    image: "feizhi_2.png"
  },
  {
    name: "卡片",
    image: "feizhi_3.png"
  },
  {
    name: "挂历",
    image: "feizhi_4.png"
  },
  {
    name: "打印纸",
    image: "feizhi_5.png"
  }
],
tip_list_shuliao: [{
  name: "饮料瓶",
    image: "shuliao_1.png"
```

```
    },
    {
      name: "塑料凳",
      image: "shuliao_2.png"
    },
    {
      name: "塑料玩具",
      image: "shuliao_3.png"
    },
    {
      name: "塑料拖鞋",
      image: "shuliao_4.png"
    },
    {
      name: "手机壳",
      image: "shuliao_5.png"
    },
    {
      name: "塑料盆",
      image: "shuliao_6.png"
    }
  ],
  tip_list_boli: [{
      name: "酒瓶",
      image: "boli_1.png"
    },
    {
      name: "烟灰缸",
      image: "boli_2.png"
    },
    {
      name: "调料瓶",
      image: "boli_3.png"
    },
    {
      name: "玻璃杯",
      image: "boli_4.png"
    },
  ],
  tip_list_baozhuang: [{
      name: "纸箱",
      image: "baozhuang_1.png"
    },
    {
      name: "快递包装",
      image: "baozhuang_2.png"
    },
    {
      name: "泡沫箱",
      image: "baozhuang_3.png"
    },
```

```
      {
        name: "礼品盒",
        image: "baozhuang_4.png"
      },
      {
        name: "利乐包装",
        image: "baozhuang_5.png"
      }
    ],
    tip_list_jiadian: [{
        name: "电视",
        image: "jiadian_1.png"
      },
      {
        name: "冰箱",
        image: "jiadian_2.png"
      },
      {
        name: "计算机",
        image: "jiadian_3.png"
      },
      {
        name: "洗衣机",
        image: "jiadian_4.png"
      },
      {
        name: "一体机",
        image: "jiadian_5.png"
      }
    ],
    tip_list_kongtiao: [{
      name: "空调",
      image: "kongtiao_1.png"
    }],
    tip_list_jiaju: [{
        name: "沙发",
        image: "jiaju_1.png"
      },
      {
        name: "衣柜",
        image: "jiaju_2.png"
      },
      {
        name: "床",
        image: "jiaju_3.png"
      },
      {
        name: "餐桌",
        image: "jiaju_4.png"
      },
      {
```

```
        name: "办公桌",
        image: "jiaju_5.png"
      },
      {
        name: "电视柜",
        image: "jiaju_6.png"
      }
      ],
    // 垃圾分类物品展示数据end

    /**
     * 接口返回数据（大件或小件可回收垃圾信息、用户地址等）
     */
    data_info: {}
  },
  /**
   * 显示垃圾分类物品展示弹框
   */
  showTip: function(e) {
    //获取当前点击项组件上的自定义数据index
    var index = e.currentTarget.dataset.index;
    //获取当前点击项的信息
    var info = this.data.data_info.type[index];
    var list = null;
    //根据id判断获取当前分类要展示的垃圾分类物品列表
    switch (info.id) {
      case 1:
        list = this.data.tip_list_jinshu;
        break;
      case 2:
        list = this.data.tip_list_feizhi;
        break;
      case 3:
        list = this.data.tip_list_shuliao;
        break;
      case 4:
        list = this.data.tip_list_boli;
        break;
      case 5:
        list = this.data.tip_list_baozhuang;
        break;
      case 6:
        list = this.data.tip_list_jiadian;
        break;
      case 7:
        break;
      case 8:
        list = this.data.tip_list_jiaju;
        break;
      default:
        list = this.data.tip_list_jinshu;
```

```
          break;
        }

        //如果集合为空，则跳出此函数
        if (!list) return;

        //更新页面数据
        this.setData({
          tip_list: list,//要展示的垃圾分类物品列表
          show_tip: ('废旧' + info.name) //要展示的垃圾分类物品弹框名称
        });
      },
      /**
       * 关闭垃圾分类物品展示弹框
       */
      closeTip: function() {
        this.setData({
          show_tip: false
        });
      }
    })
```

8.4.7　时间段选择

上门时间段选择用到的是picker组件，布局代码可在8.4.2节中查看。在当前预约上门回收大件或小件页面中，需要实现的是：选择时间段后，在页面上显示所选的时间。这样，需要用到picker组件的change事件，当选中项改变时会触发此事件。更多picker组件的用法，在后面的章节中做具体讲解。

进入pages/visit/visit.js文件中，编写时间段选择相关的逻辑代码，具体如下。

```
// pages/visit/visit.js
Page({
  /**
   * 页面的初始数据
   */
  data: {
    /**
     * 上门时间段数组
     */
    time_list: [{
        id: 1,
        name: "8:00-9:00"
      },
      {
        id: 2,
        name: "9:00-10:00"
      },
      {
        id: 3,
        name: "10:00-11:00"
```

```
      },
      {
        id: 4,
        name: "11:00-12:00"
      },
      {
        id: 5,
        name: "12:00-13:00"
      },
      {
        id: 6,
        name: "13:00-14:00"
      },
      {
        id: 7,
        name: "14:00-15:00"
      },
      {
        id: 8,
        name: "15:00-16:00"
      },
      {
        id: 9,
        name: "16:00-17:00"
      },
      {
        id: 10,
        name: "17:00-18:00"
      },
    ],

    /**
     *（当前）选择的上门回收时间段
     */
    subscribe_time:''
  },
  /**
   * 上门时间段选择项改变事件
   * @param {*} e
   */
  timeChange: function (e) {
    //获取当前上门时间段选择项的索引
    var index = e.detail.value;
    //获取选择项对应的时间段
    var time = this.data.time_list[index];
    if (time) {
      //更新页面数据:（当前）选择的上门回收时间段
      this.setData({
        "subscribe_time": time.name
      });
    }
```

```
  }
})
```

8.4.8 在线预约表单提交

在微信小程序中，实现表单提交需要用到两个组件：form组件和button组件。其中，form组件需要绑定表单提交事件submit（这里绑定的提交事件为：ev_formSubmit）；button组件需要添加属性：formType="submit"，声明此button为表单提交按钮，相关布局代码可在8.4.2节中查看。

进入pages/visit/visit.js文件中，编写执行表单提交ev_formSubmit()函数，具体代码如下。

```
// pages/visit/visit.js
Page({
  /**
   * 页面的初始数据
   */
  data: {
    /**
     * 接口返回数据（大件或小件可回收垃圾信息、用户地址等）
     */
    data_info: {},
    /**
     *（当前）选择的上门回收时间段
     */
    subscribe_time:''
  },
  /**
   * 下单表单提交事件
   * @param {*} e
   */
  ev_formSubmit: function(e) {
    //定义临时变量：存放要提交的表单数据
    var form = {};
    //获取并设置选择的时间段
    form['subscribe_time'] = this.data.subscribe_time;
    form['garbage_type_ids'] = "";
    //遍历可回收垃圾分类数组
    for (var i = 0; i < this.data.data_info.type.length; i++) {
      //判断是否选中，是则以逗号拼接选中的分类id
      if (this.data.data_info.type[i].checked) {
        form['garbage_type_ids'] += this.data.data_info.type[i].id + ",";
      }
    }

    //上门时间段为空判断
    if (!form['subscribe_time']) {
      wx.showToast({
        title: '请选择上门时间段',
        icon: "none"
      })
```

```
        return;
      }
      //回收种类为空判断
      if (form['garbage_type_ids'].length == 0) {
        wx.showToast({
          title: '请选择回收种类',
          icon: "none"
        })
        return;
      }

      //回收种类值处理：移除结尾的逗号
      var ids = form['garbage_type_ids'];
      form['garbage_type_ids'] = ids.substring(0, ids.length - 1);

      //显示加载中Loading
      wx_api.showLoading();
      //公共请求回调方法，无论成功还是失败
      let com_fun = () => {
        //关闭加载中Loading
        wx_api.hideLoading();
      };
      var that = this;
      //提交信息
      util.getMyApiResult('recovery/post_visit', form, (res) => {
        console.log(res);
        com_fun();
        if (!res.result) {
          var tip = res.message ? res.message : '操作失败，请稍候再试';
          wx_api.showModal_tip(tip, that, () => {
            if (res.data == 1) {
              wx.redirectTo({
                url: '../my_info/my_info',
              });
            }
          });
          return;
        }

        //跳转到 结果页面
        util.to_action_result(1);
      });
    }
  })
```

8.5 积分排行榜

本节将讲解积分排行榜页面的开发。通过本节内容的学习，读者可以学会排行榜页面的布局及功能实现。

8.5.1　功能说明

积分排行榜页面需要实现的是：用户能查看自己所在街道，按家庭、单元、楼宇和小区，搜索统计总积分排行榜。界面效果如图8.6所示。

图8.6　积分排行榜

8.5.2　布局实现

下面开始编写页面结构和样式，首先在pages/rank/rank.wxml文件中编写布局代码，具体如下。

```
    <!-- pages/rank/rank.wxml -->
    <!-- 引用"暂无数据提示面板"模板文件 -->
    <import src="../common/tpl_tip_panel_view.wxml" />
    <view class="pageContainer">
      <!-- 排行榜搜索区域 -->
      <view class="top_tab">
    <!-- 遍历渲染排行榜类型列表项 -->
        <block wx:for="{{type_list}}" wx:for-item="item" wx:key="type">
          <view bindtap="ev_type_tap" data-type="{{item.type}}" class="{{item.
type==curr_type?'selected':''}}">{{item.text}}</view>
        </block>
      </view>
      <!-- 排行榜列表显示区域 -->
      <view class="data_list">
        <!-- 判断"暂无数据提示面板"是否隐藏,是则显示排行榜列表,否则显示暂无数据提示 -->
        <block wx:if="{{!tip_panel_data.is_hidden}}">
          <template is="tpl_tip_panel_view" data="{{...tip_panel_data}}" />
        </block>
        <block wx:else>
            <view class="list_item" wx:for="{{data_info.list}}" wx:for-
item="item" wx:key="uid">
```

```
          <!-- 根据循环索引index判断，如果是前三项，即index<=2，则显示排名图标，否则，直接显示排名 -->
            <image wx:if="{{index<=2}}" class="rank" src="/images/rank_{{index+1}}.png"></image>
          <text wx:else class="rank">{{item.rank_num}}</text>
          <view class="item_info">
            <view class="item_left">
              <image src="{{item.headimgurl}}"></image>
              <text>{{item.true_name}}</text>
            </view>
            <view class="item_right">
              <view>{{item.integral}}</view>
              <text>积分</text>
            </view>
          </view>
        </view>
      </block>
    </view>
  </view>
  <!-- 我的排名显示区域 -->
  <view class="my_rank list_item" wx:if="{{data_info && data_info.me_rank}}">
    <text class="rank">{{data_info.me_rank.rank_num}}</text>
    <view class="item_info">
      <view class="item_left">
        <image src="{{data_info.me_rank.headimgurl}}"></image>
        <text>{{data_info.me_rank.true_name}}</text>
      </view>
      <view class="item_right">
        <view>{{data_info.me_rank.integral}}</view>
        <text>积分</text>
      </view>
    </view>
  </view>
```

如上述代码，在页面中引用了“暂无数据提示面板”模板（template），关于模板的使用，会在第9章中，做具体的用法讲解。在这里，提出一个问题：模板和自定义组件的区别和使用场景如何选择？希望读者能带着这个问题，学习本书内容，并从中找到答案；这将有助于你能更好地理解它们的用法，并在实际项目开发中，能选择更好、更优雅的方式实现相应的功能！

其次，在pages/rank/rank.wxss文件中，编写样式代码，具体如下。

```
/* pages/rank/rank.wxss */
/* 定义排行榜搜索区域样式 */
.top_tab {
  margin-left: 44rpx;
  margin-top: 20rpx;
  display: flex;
  align-items: center;
  align-self: flex-start;
}
```

```
/* 排行榜类型搜索项样式 */
.top_tab>view {
  width: 115rpx;
  height: 52rpx;
  font-size: 26rpx;
  color: #a0a0a0;
  display: flex;
  justify-content: center;
  align-items: center;
  border: 2rpx solid #a6a6a6;
  border-radius: 30rpx;
  margin-right: 20rpx;
}
/* 排行榜类型搜索项选中样式 */
.top_tab>view.selected {
  border: 2rpx solid #8dc156; /* 边框样式 */
  background-color: #8dc156;
  color: #fff;
}
/* 排行榜列表显示区域样式 */
.data_list {
  margin-top: 45rpx;
  width: 690rpx;
  display: flex;
  flex-direction: column;
}
/* 排行榜列表项样式 */
.list_item {
  display: flex;
  align-items: center;
}
/* 排行榜列表项排名样式 */
.list_item .rank {
  width: 84rpx;
  height: 103rpx;
}
/* 排行榜列表项排名文本样式 */
.list_item text.rank {
  display: flex;
  justify-content: center;
  align-items: center;
  font-size: 36rpx;
  color: rgba(113, 113, 113, 1);
}
/* 排行榜列表项左右区域样式 */
.list_item .item_info, .item_left, .item_right {
  display: flex;
  align-items: center;
}
/* 排行榜列表项信息区域样式 */
.list_item .item_info {
```

```
    flex: 1;
    justify-content: space-between;
    border-bottom: 1rpx solid #d2d2d2;
    padding: 16rpx 0px;
  }
  /* 排行榜列表项左侧区域图片样式 */
  .item_left>image {
    width: 91rpx;
    height: 91rpx;
    border-radius: 100%;
  }
  /* 排行榜列表项左侧区域文本样式 */
  .item_left>text {
    font-size: 31rpx;
    color: rgba(41, 30, 30, 1);
    margin-left: 10rpx;
  }
  /* 排行榜列表项右侧区域样式 */
  .item_right>view {
    font-size: 36rpx;
    color: rgba(255, 38, 38, 1);
  }
  /* 排行榜列表项右侧区域文本样式 */
  .item_right>text {
    font-size: 22rpx;
    color: rgba(121, 121, 121, 1);
    margin-left: 6rpx;
  }
  /* 我的排名显示区域样式 */
  .my_rank {
    position: fixed;
    bottom: 0px;
    left: 0px;
    background-color: #8dc156;
    width: 100%;
  }
  /* 我的排名显示区域排名样式 */
  .my_rank .rank {
    margin-left: 30rpx;
  }
  /* 我的排名信息区域样式 */
  .my_rank .item_info {
    margin-right: 30rpx;
    border: 0px;
  }
  /* 我的排名区域文本样式 */
  .my_rank text.rank, .my_rank .item_left>text, .my_rank .item_right>text {
    color: #fff;
  }
  /* 暂无数据提示面板样式 */
  view.tip_panel_view{
```

```
    height: auto;
    position: relative;
    margin-top: 45%;
  }
```

8.5.3　功能实现

进入pages/rank/rank.js文件中，编写积分排行榜页面的逻辑代码，具体如下。

```
Page({
  /**
   * 页面的初始数据
   */
  data: {
    /**
     * 当前（搜索的）排行榜类型，默认为：all
     */
    curr_type: 'all',
    /**
     * 可搜索的排行榜类型列表
     */
    type_list: [{
        type: 'all',//排行榜类型查询标识
        text: '家庭'//排行榜类型名称
      },
      {
        type: 'live_danyuan',
        text: '单元'
      },
      {
        type: 'live_dong',
        text: '楼宇'
      },
      {
        type: 'live_xiaoqu',
        text: '小区'
      }
    ],
    /**
     * 接口数据（排行榜列表、我的排名）
     */
    data_info: {},
    /**
     * 暂无数据提示面板数据
     */
    tip_panel_data: {
      width: '100%',
      height: '100%',
      mes: "暂无排行数据",
      is_hidden: true
    }
```

```
    },
    /**
     * 排行榜类型点击搜索事件
     * @param {*} e
     */
    ev_type_tap: function(e) {
      //获取当前点击组件上的自定义数据type
      let type = e.currentTarget.dataset.type;
      //如果要搜索的类型与当前类型相同，则跳出此函数
      if (type == this.data.curr_type) return;

      //更新页面数据
      this.setData({
        curr_type: type
      });
      //加载列表（按当前类型搜索）
      this.load_data();
    },
    /**
     * 生命周期函数--监听页面加载
     */
    onLoad: function(options) {
      this.load_data();
    },
    /**
     * 加载数据
     * @param {*} is_Refresh 是否是下拉刷新
     */
    load_data: function(is_Refresh) {
      wx_api.showLoading();
      //请求公共回调函数
      let com_fun = () => {
        wx_api.hideLoading();
        is_Refresh && wx.stopPullDownRefresh(); //停止下拉刷新
      };
      var that = this;
      //信息获取
       util.getMyApiResult('Rank/user_rank', { type: this.data.curr_type},
(res) => {
        com_fun();
        if (!res.result) {
          wx_api.showModal_tip(res.message, that, () => {
            // 返回上一页 或 跳到"首页"
            wx.navigateBack();
          });
          return;
        }

        let data = res.data;
        //更新页面数据
        that.setData({
```

```
            'data_info': data,
            'tip_panel_data.is_hidden': (data != null) //设置暂无数据提示面板是否
隐藏
          });
        });
      }
    });
```

8.6　拍照打卡

本节将讲解拍照打卡页面的开发，功能点包括布局实现、页面数据加载和拍照获取图片路径。通过本节内容的学习，读者可以学会wx.chooseImage相机拍照或相册选择图片接口的使用。

8.6.1　功能说明

拍照打卡页面需要实现的是用户能查看拍照打卡操作说明、可拍照后跳转到“拍照打卡提交页面”。界面效果如图8.7所示。

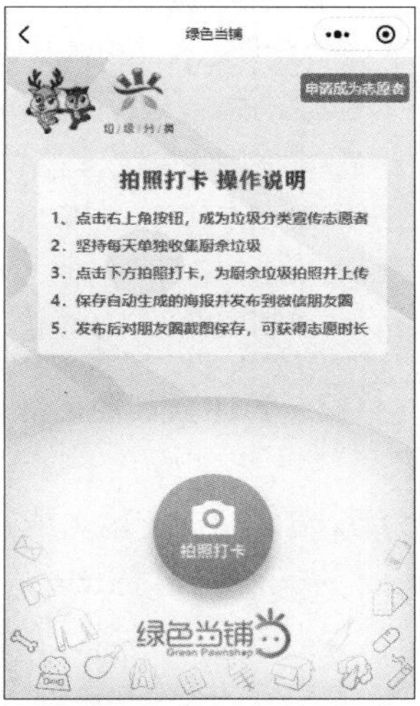

图8.7　拍照打卡页面

8.6.2　布局实现

下面开始编写页面结构和样式，首先在pages/clock/index.wxml文件中编写布局代码，具体如下。

```
<!-- pages/clock/index.wxml -->
<!-- 页面背景图 -->
<image class="bg" src="/images/clock/bg.png"></image>

<view bindtap="ev_join" class="join">申请成为志愿者</view>
<!-- 顶部右侧区域 -->
<view class="top_left">
  <image class="xiaolu" src="/images/clock/xiaolu.png"></image>
  <image class="xing" src="/images/clock/xing.png"></image>
</view>
<!-- 操作说明文本区域 -->
<view class="sm_view">
  <image src="/images/clock/sm.png"></image>
  <text>1、点击右上角按钮，成为垃圾分类宣传志愿者</text>
  <text>2. 坚持每天单独收集厨余垃圾</text>
  <text>3. 点击下方拍照打卡，为厨余垃圾拍照并上传</text>
  <text>4. 保存自动生成的海报并发布到微信朋友圈</text>
  <text>5. 发布后对朋友圈截图保存，可获得志愿时长</text>
</view>
<!-- 底部拍照区域 -->
<view class="footer_view">
  <!-- 底部拍照区域背景图 -->
  <image class="dk_bg" src="/images/clock/pz_bg.png"></image>
  <!-- 底部拍照图片按钮 -->
```

```
    <image bindtap="ev_chooseImage" class="dk_pz" src="/images/clock/dk_
pz.png"></image>
    <!-- 底部logo -->
    <image class="logo" src="/images/clock/logo.png"></image>
  </view>
```

上述代码采用的布局方式是：用image 组件实现页面背景图，在其上方依次显示其他顶部区域、操作说明区域等。看到这里，你可能会有以下两个疑问。

1. 页面背景图能否用其他的方式实现

答案是肯定的，可以通过background-image样式属性来设置背景图。需要注意的是，在微信小程序中，background-image设置背景，只支持线上图片（链接）和base64图片，不支持本地图片。代码示例如下。

```
/* 线上图片（链接）*/
background-image: url("http://www.hbcwxkj.com/logo.png");

/* base64图片 */
background-image: url("data:image/png;base64,iVBORw0KGgo=...");
```

2. 为什么其他顶部区域等会在页面背景图上方显示

因为组件或元素默认是以相对定位，其他顶部区域等以非相对定位形式，即定位position为fixed（固定定位）或absolute（绝对定位），则默认比以相对定位的元素显示层级要高。

在pages/clock/index.wxss文件中，编写样式代码，具体如下。

```
/* pages/clock/index.wxss */
/* 定义页面背景色 */
page {
  background-color: #e9f3e8;
}
/* 页面背景图样式 */
.bg {
  width: 100%;
  height: 100%;
}
/* 顶部右侧区域样式 */
.top_left {
  position: fixed;/* 固定、停靠定位 */
  top: 10px;
  left: 35rpx;
  display: flex;
}
/* 顶部右侧区域图片样式 */
.top_left image {
  width: 127rpx;
  height: 123rpx;
}

.top_left .xiaolu {
  margin-right: 16rpx;
}
/* "申请成为志愿者"按钮样式 */
```

```
.join {
  position: fixed;
  top: 30rpx;
  right: 10px;
  padding: 10rpx 8rpx;
  background-color: #2990ec;
  border-radius: 8rpx;
  color: #fff;
  font-size: 26rpx;
}
/* 操作说明文本区域样式 */
.sm_view {
  position: fixed;
  top: 188rpx;
  left: 57rpx;
  width: 635rpx;
  height: 369rpx;
  background: rgba(255, 255, 255, 0.6);/* 设置背景色和透明度 */
  border-radius: 10rpx;
  display: flex;
  flex-direction: column;
  align-items: center;
  overflow: hidden;
}
/* 操作说明文本区域图片样式 */
.sm_view>image {
  width: 338rpx;
  height: 39rpx;
  margin: 20rpx 0px 8rpx;
}
/* 操作说明文本区域文本样式 */
.sm_view>text {
  margin-top: 24rpx;
  width: 588rpx;
  height: 28rpx;
  font-size: 28rpx;
  font-weight: bold;
  color: rgba(93, 93, 93, 1);
  line-height: 40rpx;
}
/* 底部拍照区域样式 */
.footer_view {
  position: fixed;
  bottom: 0px;
  left: 0px;
  width: 100%;
  display: flex;
  justify-content: center;
  z-index: 1;
}
/* 底部拍照区域背景图样式 */
```

```
.footer_view .dk_bg {
  width: 100%;
  height: 572rpx;
}
/* 底部拍照图片按钮样式 */
.footer_view .dk_pz {
  position: absolute;/* 绝对定位 */
  top: 146rpx;
  width: 259rpx;
  height: 262rpx;
  z-index: 2;
}
/* 底部logo样式 */
.footer_view .logo {
  position: absolute;
  top: 398rpx;
  width: 278rpx;
  height: 99rpx;
  z-index: 2;
}
```

8.6.3　页面数据加载

进入pages/clock/index.js文件中，编写拍照打卡页面数据加载逻辑代码，具体如下。

```
Page({
  /**
   * 生命周期函数--监听页面显示
   */
  onShow:function(){
    //页面显示、可见时,加载数据
    this.load_data();
  },
  /**
   * 数据加载
   * @param {*} is_Refresh
   */
  load_data: function (is_Refresh) {
    let that=this;
    wx_api.showLoading();
    let com_fun = () => {
      wx_api.hideLoading();
      is_Refresh && wx.stopPullDownRefresh(); //停止下拉刷新
    };
    //请求接口,获取用户今日是否已打卡等相关数据
    util.getMyApiResult('clockvolunteer/index', null, (res) => {
      console.log(res);
      com_fun();
      if (!res.result) {
        var tip = res.message ? res.message : '信息获取失败,请稍候再试';
        wx_api.showModal_tip(tip, null, () => {
```

```
          if (res.data == 1) {
            wx.redirectTo({
              url: '../my_info/my_info',
            });
          }else{
            wx.navigateBack({
            });
          }
        });
        return;
      }
      //将接口返回值"今日是否已打卡"存放到当前页面对象中
      that.is_clocked = res.data.is_clocked;
    });
  }
})
```

在上述代码中，页面数据加载没有在onLoad()函数中执行，而是用的onShow()函数。这是因为，我们需要实现的是：用户从其他页面返回、切换到当前小程序页面等页面显示时，都要重新请求接口，获取最新的数据并做判断。

8.6.4 拍照获取图片路径

进入pages/clock/index.js文件中，编写ev_chooseImage()函数，具体代码如下。

```
Page({
  /**
   * 拍照事件
   */
  ev_chooseImage: function () {
    var that = this;
    //如果用户已打卡，则提示
    if (that.is_clocked){
      wx_api.showModal_tip('您今天已打卡，明天再来吧', null, () => {
      });
      return;
    }
    //调用Api使用相机拍照
    wx.chooseImage({
      count: 1, //能够选择的图片数量，默认且最大值为9
       sizeType: ['original', 'compressed'], // 可以指定是原图还是压缩图，默认
二者都有
       //sourceType: ['album', 'camera'], // 可以指定来源是相册还是相机，默认二
者都有
      sourceType: ['camera'], // 指定来源是相机
      success: function (res) {
        // 返回选定照片的本地文件路径列表，tempFilePath可以作为img标签的src属性显
示图片
        var tempFilePaths = res.tempFilePaths;
        // 将选定照片的本地文件路径存放到缓存中
        storage.clock_photo(tempFilePaths[0]);
```

```
//  跳转到"拍照打卡提交页面"
          wx.navigateTo({
            url: '/pages/clock/photo'
          });
        }
      });
    }
})
```

使用相机拍照调用的是wx.chooseImage接口，此接口用法比较简单，上述代码中也有详细的注释说明。其中，将选定照片的本地文件路径存放到缓存中，调用的是utils/storage.js文件中的clock_photo()函数，具体代码如下。

```
/**
 * utils/storage.js
 * 缓存管理
 */

/**
 * 设置或获取缓存
 * @param {*} name 缓存key
 * @param {*} info 缓存值
 * @param {*} is_set 是否是设置,默认为获取
 */
function setorget_cache(name, info, is_set) {
  if (is_set || info) {
    return wx.setStorageSync(name, info);
  }
  return wx.getStorageSync(name);
}

var obj = {
  /**
   * 拍照打卡照片
   */
  clock_photo: function (info, is_set) {
    return setorget_cache('clock_photo', info, is_set);
  },
  /**
   * 预备兑换的礼品id
   */
  pre_exchange_gift_id: function (info, is_set) {
    return setorget_cache('pre_exchange_gift_id', info, is_set);
  },
  /**
   * 用户信息
   */
  user_info: function (info, is_set) {
    return setorget_cache('user_info', info, is_set);
  }
}
```

```
module.exports = obj;
```

这个代码文件称为缓存管理类或代码包，用于整个小程序项目中，所有需要缓存的值的读写。可以方便在不同的页面，直接调用函数获取或设置某个缓存值。上面并不是最好的实现，或者必须要这样实现，只是需要再次强调的是：我们需要学会并养成，封装代码的能力及习惯。封装代码可以减少代码冗余，提高代码的可读性和维护性。封装代码，是代码重构的一种重要途径，优势很明显。

8.7　拍照打卡提交

本节将讲解拍照打卡提交页面的开发，功能点包括布局实现、页面数据加载和照片上传。通过本节内容的学习，读者可以学会form组件的使用，以及如何在小程序中实现表单数据提交。

8.7.1　功能说明

拍照打卡提交页面需要实现的是：显示用户在“拍照打卡”页面拍的照片，填写厨余垃圾重量后，即可提交打卡信息。界面效果如图8.8所示。

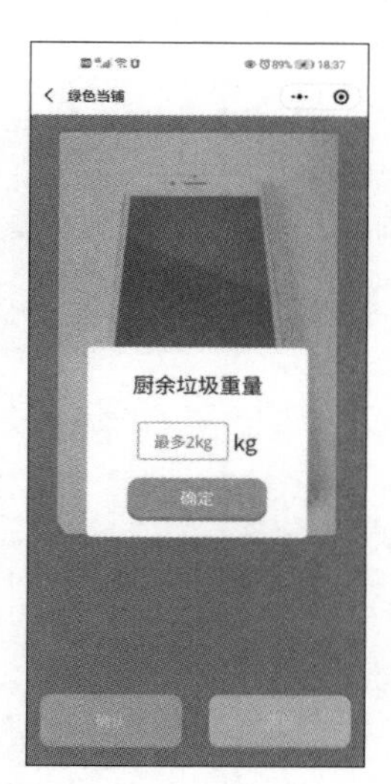

图8.8　拍照打卡提交页面

8.7.2　布局实现

下面开始编写页面结构和样式，首先在pages/clock/photo.wxml文件中编写布局代码，具体如下。

```
<!--pages/clock/photo.wxml-->
<!-- 主体显示区域 -->
<view class="main_view">
  <!-- 显示在"拍照打卡"页面拍的照片 -->
  <image wx:if="{{photo}}" class="photo" src="{{photo}}"></image>
</view>
<!-- 底部按钮区域 -->
<view class="btn_view">
  <view bindtap="ev_ok" class="agree_1">确认</view>
  <view bindtap="ev_back" class="agree_0">重拍</view>
</view>
<!-- 厨余垃圾重量提交弹框 -->
<view class="weight_view" hidden="{{weight_view_hidden}}">
  <form bindsubmit="ev_formSubmit">
    <view class="weight_box">
      <text>厨余垃圾重量</text>
      <view class="input">
        <input name="weight" type="text" maxlength="3" placeholder="最多
{{max_weight}}kg"></input>
        <text>kg</text>
      </view>
```

```
        <button form-type="submit">
          <view class="agree_1">确定</view>
        </button>
      </view>
    </form>
  </view>
```

在上述代码中，实现表单提交并能获取表单项值，需满足以下3点。

（1）表单最外层要使用form组件，并绑定submit事件。

（2）表单内要提交获取输入或选择值的组件，必须设置name属性，且name属性值在当前表单内必须唯一。

（3）需要使用表单提交按钮，即使用button组件且设置属性：form-type="submit"。

其次，在pages/clock/photo.wxss文件中，编写样式代码，具体如下。

```
/* pages/clock/photo.wxss */
/* 页面背景色样式定义 */
page {
  background-color: #43484a;
}
/* 主体显示区域 */
.main_view {
  margin-left: 30rpx;
  width: 690rpx;
  display: flex;
  flex-direction: column;
}
/* 主体显示区域图片样式 */
.main_view .photo {
  margin-top: 40rpx;
  width: 620rpx;
  height: 927rpx;
  background: rgba(255, 255, 255, 1);
  border-radius: 10rpx;
  align-self: center;
}
/* 底部按钮区域样式 */
.btn_view {
  position: fixed;
  bottom: 48rpx;
  left: 30rpx;
  width: 690rpx;
  display: flex;
  justify-content: space-between;
}
/* 底部按钮区域按钮样式 */
.btn_view>view, view.agree_1 {
  display: flex;
  justify-content: center;
  align-items: center;
  font-weight: 500;
```

```
  color: rgba(255, 255, 255, 1);
}

.btn_view>view {
  width: 316rpx;
  height: 118rpx;
  border-radius: 23rpx;
  font-size: 34rpx;
}
/* 底部按钮区域"确认"按钮样式 */
view.agree_1 {
  background: rgba(141, 193, 86, 1);
  box-shadow: 0rpx 6rpx 0rpx 0rpx rgba(112, 174, 46, 1);
}
/* 底部按钮区域"重拍"按钮样式 */
.btn_view>view.agree_0 {
  background: rgba(211, 211, 211, 1);
  box-shadow: 0rpx 6rpx 0rpx 0rpx rgba(155, 155, 155, 1);
}

/* 厨余垃圾重量提交弹框样式 */
.weight_view {
  position: fixed;
  top: 0;
  left: 0;
  width: 100%;
  height: 100%;
  background-color: rgba(180, 180, 180, 0.6);
  display: flex;
  justify-content: center;
  align-items: center;
}
/* 厨余垃圾重量提交弹框表单区域样式 */
.weight_view .weight_box {
  width: 490rpx;
  background-color: rgba(255, 255, 255, 1);
  display: flex;
  flex-direction: column;
  align-items: center;
  border-radius: 12rpx;
}
/* 厨余垃圾重量提交弹框表单文本样式 */
.weight_box>text {
  font-size: 48rpx;
  color: #2c2c2c;
  margin-top: 52rpx;
}
/* 厨余垃圾重量提交弹框表单输入框区域样式 */
.weight_box .input {
  display: flex;
  align-items: center;
```

```
    margin: 55rpx 0 44rpx;
  }
  /* 厨余垃圾重量提交弹框表单输入框样式 */
  .weight_box .input>input {
    width: 160rpx;
    border-radius: 10rpx;
    border: 2rpx solid #71af30;
    font-size: 36rpx;
    color: #525252;
    padding: 20rpx 20rpx;
    text-align: center;
  }
  /* 厨余垃圾重量提交弹框表单输入框区域文本样式 */
  .weight_box .input>text {
    font-size: 48rpx;
    color: rgba(44, 44, 44, 1);
    margin-left: 12rpx;
  }
  /* 厨余垃圾重量提交弹框表单按钮样式 */
  .weight_box>button {
    background-color: transparent;/* 背景色透明 */
    margin-bottom: 46rpx;
    overflow: visible;
  }
  /* 厨余垃圾重量提交弹框表单按钮(结尾)伪样式 */
  .weight_box>button::after {
    border: 0px;/* 重写小程序button组件的边框样式 */
  }
  /* 表单提交按钮样式 */
  .weight_box view.agree_1 {
    width: 310rpx;
    height: 93rpx;
    background: rgba(141, 193, 86, 1);
    box-shadow: 0rpx 9rpx 0rpx 0rpx rgba(112, 174, 46, 1);/* 边框阴影样式 */
    border-radius: 30rpx;
  }
```

8.7.3 页面数据加载

进入pages/clock/photo.js文件中，编写拍照打卡提交页面数据加载等逻辑代码，具体如下。

```
Page({
  /**
   * 页面的初始数据
   */
  data: {
    /**
     * 在"拍照打卡"页面拍的照片本地路径
     */
    photo:'',
```

```
      /**
       * 厨余垃圾重量提交弹框隐藏状态
       */
      weight_view_hidden:true,
      /**
       * 最大可填写的厨余垃圾重量
       */
      max_weight: 2
    },
    /**
     * "确认"按钮点击事件
     * @param {*} e
     */
    ev_ok: function (e) {
      //更新页面数据：将厨余垃圾重量提交弹框设为可见
      this.setData({
        weight_view_hidden: false
      });
    },
    /**
     * "重拍"按钮点击事件
     * @param {*} e
     */
    ev_back: function (e) {
      //返回上一页面
      wx.navigateBack({
      });
    },
    /**
     * 生命周期函数--监听页面加载
     */
    onLoad: function (options) {
      //从缓存中获取在"拍照打卡"页面拍的照片本地路径
      let photo=storage.clock_photo();
      if (!photo){
        //如果照片路径为空，则返回上一页面
        wx.navigateBack({
        });
        return;
      }
      //更新页面数据
      this.setData({
        photo: photo
      });
    }
  });
```

8.7.4 照片上传、提交表单

进入pages/clock/index.js文件中，编写ev_formSubmit()函数，实现照片上传、提交表

单，具体代码如下。

```
// pages/clock/photo.js
const app = getApp();
const util = require("../../utils/util.js");
const wx_api = require("../../utils/wx_api.js");
const storage = require("../../utils/storage.js");
const com = require('../../utils/common.js');
Page({
  /**
   * 表单提交事件
   * @param {*} e
   */
  ev_formSubmit: function (e) {
    //获取表单数据（得到的是表单数据对象）
    let data = e.detail.value;
    //获取填写的重量
    let weight = com.trim(data.weight);
    //将重量转换为浮点数
    weight = parseFloat(weight);
    //非空判断
    if (!weight) {
      wx_api.showToast('请填写厨余垃圾重量');
      return;
    }

    let page_data=this.data;
    //重量范围判断
    if (weight > page_data.max_weight || weight<=0) {
      wx_api.showToast('重量最大为' + page_data.max_weight);
      return;
    }

    wx_api.showLoading();
    //构造要提交的表单数据
    let post_data = {
      garbage_weight: weight
    };
     //请求文件上传接口（参数依次为：接口url，文件本地路径，文件上传表单参数名，表单数据，成功回调函数）
     util.getMyApiUploadResult('clockvolunteer/post_clock', page_data.photo, 'photo', post_data, (res) => {
      console.log(res);
      wx_api.hideLoading();
      res = com.strtoJson(res);
      //提交失败判断与提示
      if (!res.result) {
        let mes = res.message ? res.message : "提交失败，请稍候再试";
        wx_api.showToast(mes);
        return;
      }
```

```
        if(res.data==1){
          wx_api.showModal_tip(res.message, null, (res) => {
            // 返回上一页 或 跳到"首页"
            wx.redirectTo({
              url: "/pages/index/index"
            });
          });
          return;
        }

        //显示 打卡成功 海报
        let poster_url = res.data;
        wx.redirectTo({
                url: "/pages/clock/poster?poster_url=" +
encodeURIComponent(poster_url)
        });
      });
    }
  });
```

在上述代码中获取表单项的值，通过页面中表单项组件的name属性名作为键名，从表单数据对象（e.detail.value）中获取。关于文件上传的实现，实质是getMyApiUploadResult()函数对utils/http.js文件中的uploadApi()函数做了代码封装；其具体讲解请参见第7章，这里就不再赘述。

8.8　日期搜索自定义组件

本节将讲解日期搜索自定义组件的开发。通过本节内容的学习，读者可以学会自定义组件的创建和使用，及如何获取自定义组件的事件传值。

8.8.1　功能说明

如图8.9所示，这种日期搜索功能，在小程序多个页面中都要使用，所以，用自定义组件来实现。此日期搜索自定义组件需要实现：默认显示当前日期，可按月份为单位，切换上一个月和下一个月的时期并显示，同时按当前日期执行数据搜索。

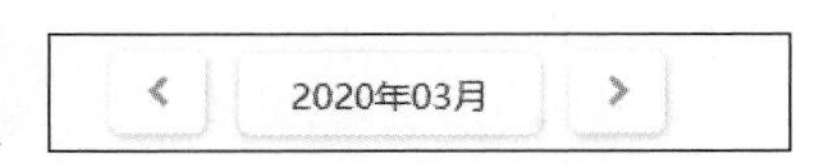

图8.9　日期搜索自定义组件截图

8.8.2　功能实现

下面开始自定义组件的代码编写，首先在components/date/date.js文件中编写逻辑代码，具体如下。

```
  // components/date/date.js
  Component({
    /**
```

```
     * 组件的初始数据
     */
    data: {
      /**
       * 当前显示的日期
       */
      date_show:''
    },
    /**
     * 组件开始渲染的事件，类似于页面的onload事件
     */
    attached: function () {
      //获取当前日期
      let curr_date = new Date();
      //显示并按日期搜索
      this._showDate(curr_date);
    },
    /**
     * 组件的方法列表
     */
    methods: {
      /**
       * 下一个月
       * @param {*} e
       */
      next: function (e) {
        //调用日期切换函数
        this._changeDate(true);
      },
      /**
       * 上一个月
       * @param {*} e
       */
      last: function (e) {
        this._changeDate(false);
      },
      /**
       * 日期切换函数
       * @param {boolean} is_add 是否是下一个月
       */
      _changeDate:function(is_add){
        //获取存放的当前日期
        let curr_date = this.curr_date;
        //获取当前日期的月份
        let month = curr_date.getMonth();
        //将月份根据判断进行增减
        month = is_add ? (month + 1) : (month - 1);
        //获取并格式化新的日期
          let newDate = curr_date.setMonth(month); //  输出日期格式为毫秒形式
1551398400000
```

```
      newDate = new Date(newDate);
      //判断日期是否超出范围
      if (is_add && (newDate.getTime() / 1000) > (curr_date.getTime() / 1000)){
        wx.showToast({
          title: '不能超过当前日期'
        });
        return;
      }
      //显示并按日期搜索
      this._showDate(newDate);
    },
    /**
     * 显示并按日期搜索
     * @param {Date} curr_date 要显示并搜索的日期
     */
    _showDate: function (curr_date){
      //获取日期的年
      let curr_year = curr_date.getFullYear();
      //获取日期的月（因为月份在javascript中是从0开始的，所以显示时需加1）
      let curr_month = curr_date.getMonth() + 1;
      curr_month = this._checkMonth(curr_month);
      //拼接要显示的日期字符串
      let date_show = curr_year + '年' + curr_month + '月';
      //获得处理后的日期
      curr_date = curr_year + '-' + curr_month;
      //将日期存放在当前组件对象中
      this.curr_date = new Date(curr_date);
      //更新页面数据
      this.setData({
        date_show: date_show
      });

      //触发使用该自定义组件页面中绑定的search事件，并将日期作为参数传递
      this.triggerEvent('search', {
        curr_date
      });
    },
    /**
     * 处理月份值并返回
     * @param {*} i
     */
    _checkMonth: function(i) {
      if (i < 10) {
        //如果月份数值小于10，则前面补0
        i = "0" + i;
      }
      return i;
    },
  }
})
```

在上述代码_showDate()函数中，为了实现按日期搜索，需要将日期传到使用此自定义组件页面里执行搜索的函数中。这里是通过（小程序框架）自定义组件的triggerEvent()函数，其参数依次为：组件绑定的事件属性名称、要传的值的对象。

其次，在components/date/date.wxml文件中，编写日期搜索自定义组件的布局代码，具体如下。

```
<!--components/date/date.wxml-->
<!-- 日期搜索容器 -->
<view class="top_view">
    <!-- 上一个月 -->
    <image bindtap="last" src="/images/date_l.png"></image>
    <!-- 日期显示 -->
    <text>{{date_show}}</text>
    <!-- 下一个月 -->
    <image bindtap="next" src="/images/date_r.png"></image>
</view>
```

再次，在components/date/date.wxss文件中，编写日期搜索自定义组件的样式代码，具体如下。

```
/* components/date.wxss */
/* 日期搜索容器样式 */
.top_view {
  position: fixed;/* 固定定位 */
  top: 10rpx;
  left: 0px;
  display: flex;
  align-items: center;/* 交叉轴y轴方向居中对齐 */
  justify-content: center;/* 主轴x轴方向居中对齐 */
  height: 90rpx;
  width: 100%;
}
/* 日期显示文本样式 */
.top_view>text {
  height: 70rpx;
  width: 252rpx;
  font-size: 30rpx;
  font-weight: 500;
  color: rgba(50, 50, 50, 1);
  margin-left: 16rpx;
  margin-right: 18rpx;
  background: rgba(255, 255, 255, 1);
  box-shadow: 0rpx 3rpx 9rpx 0rpx rgba(30, 31, 31, 0.22);
  border-radius: 10rpx;
  display: flex;
  align-items: center;
  justify-content: center;
}
/* 日期切换图片按钮样式 */
.top_view>image {
```

```
    width: 99rpx;
    height: 90rpx;
    margin-top: 4rpx;
  }
```

最后，在components/date/date.json文件中，编写日期搜索自定义组件配置代码，具体如下。

```
{
    "component": true,//声明当前是自定义组件，这个很关键，否则，其他页面将无法正常使用此组件
  "usingComponents": {}//当前组件需要用到的组件配置，一般用不上
}
```

8.8.3　获取自定义组件的事件传值

上面我们完成并讲解了日期搜索自定义组件的代码实现。那么如何在使用组件的页面函数中获取到日期传值呢？下面将通过“拍照打卡记录”页面（见图8.10）的相关代码来解答这个问题。

图8.10　拍照打卡记录页面

首先，进入pages/clock/list.json文件中，进行日期搜索自定义组件的引用配置，具体代码如下。

```
{
  "usingComponents": {
    "date_search": "/components/date/date"
  }
}
```

上述代码完成了日期搜索自定义组件的引用配置，将其组件使用别名声明为：date_search。

其次，在pages/clock/list.wxml文件中，编写日期搜索自定义组件的使用代码，具体如下。

```
<!--pages/clock/list.wxml-->
<date_search bind:search="ev_search"></date_search>
```

上述代码中，在页面中使用了日期搜索自定义组件，并绑定了search事件：设置为页面ev_search()函数。

最后，在pages/clock/list.js文件中，ev_search()函数代码，具体如下。

```
/* pages/clock/list.js */
Page({
  /**
   * 列表搜索
   * @param {*} e 参数
   */
  ev_search: function (e) {
    console.log('ev_search');
      //获取日期搜索自定义组件triggerEvent函数的传参：日期，将日期存放到当前页面对象中，方便在列表搜索时使用
    this.curr_date = e.detail.curr_date;
    //按执行页面数据请求
    this.default_load();
```

```
    }
});
```

8.9 本章小结

本章通过绿色当铺垃圾分类小程序项目中关键功能和页面的讲解，带读者学习和掌握页面实现技巧、自定义组件的定义、图片上传和表单提交的实现；了解和学会picker组件、form组件、拍照API的用法、排行榜页面的实现等。学完本章内容，对于垃圾分类小程序项目的开发，将会有比较全面的了解。其中，也讲解了一些API用法的区别，比如，wx.redirectTo接口和wx.navigateTo接口等，也强调了代码封装的重要性等，目的是让读者学到技能的同时，也能建立代码重构意识及养成好的编码习惯！

第 9 章

同城优惠：商家一卡通

同城商家优惠信息类小程序，前两年比较热门，是将O2O以更轻量化、便捷的应用形式提供服务。本章将以商家一卡通小程序案例，一个同城优惠小程序系统，就其中一些关键技术点，如地图展示、地图添加标记、移动地图数据搜索、获取当前位置坐标、商家评价和微信支付等，进行技术分析与讲解。

学习思维导图

学习目标	附近商家地图页：UI布局及功能实现，map组件及cover-view等组件的使用 附近商家列表页：UI布局及功能实现，商家评分模板使用 关键功能解析：微信支付 关键功能解析：商家评价和评分实现，textarea组件的使用
重点知识	map组件 cover-view组件 cover-image组件 input组件 textarea组件 微信支付API
关键词	map、cover-view、cover-image、wx.createMapContext、wx.requestPayment、input、textarea、template、微信支付

9.1 案例介绍

商家一卡通小程序是一个同城商家优惠联盟平台。入驻的商家可以编辑店铺信息、会员折扣；用户在小程序端可以浏览和搜索本地同城的商家及折扣信息，并可在线支付开通会员。开通会员后，即可享受平台上所有商家的消费折扣优惠。主要界面如图9.1~图9.3所示。

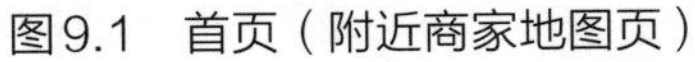
图9.1 首页（附近商家地图页）

图9.2 附近商家列表页

图9.3 商家详情页

9.2 附近商家地图页

本节将讲解附近商家地图页面的开发，功能点包括地图展示及功能菜单、获取用户当前位置坐标、移动地图商家搜索、数据获取、商家地图标记和点击标记显示商家信息。通过本节内容的学习，读者可以学会map组件、cover-view组件和cover-image组件的使用，以及如何在小程序中实现基于地图的数据搜索展示。

9.2.1 前导知识

1. map组件

map组件是基于腾讯地图服务的地图展示组件，一般用于地图标记、位置和路线展示等。个性化地图能力可在小程序后台“开发-开发者工具-腾讯位置服务”申请开通，小程序内地图组件应使用同一subkey，可通过layer-style（地图官网设置的样式 style 编号）属性选择不同的底图风格。常见属性如表9.1所示。

表9.1 map组件常见属性

属性	类型	默认值	必填	说明
longitude	number		是	中心经度
latitude	number		是	中心纬度
scale	number	16	否	缩放级别，取值为3~20
markers	Array.<marker>		否	标记点
covers	Array.<cover>		否	即将移除，请使用 markers
polyline	Array.<polyline>		否	路线

续表

属性	类型	默认值	必填	说明
show-location	boolean	FALSE	否	显示带有方向的当前定位点
subkey	string		否	个性化地图使用的key
bindtap	eventhandle		否	点击地图时触发，2.9.0起返回经纬度信息
bindmarkertap	eventhandle		否	点击标记点时触发，e.detail = {markerId}
bindregionchange	eventhandle		否	视野发生变化时触发

其中，视野改变时，regionchange 事件会触发两次，返回的 type 值分别为 begin和end。所以，在regionchange 事件中，做相关接口请求等处理时，需加上事件返回值判断，避免数据重复请求或页面重复渲染。

另一个重要属性是markers，它包含多个标记点对象信息的数组。单个标记点对象marker，常见属性如表9.2所示。

表 9.2　marker常见属性

属性	说明	类型	必填	备注
id	标记点 id	number	否	marker点击事件回调会返回此id。建议为每个marker设置上number类型id，保证更新 marker时有更好的性能
latitude	纬度	number	是	浮点数为 -90 ~ 90
longitude	经度	number	是	浮点数为 -180 ~ 180
title	标注点名	string	否	点击时显示，callout存在时将被忽略
zIndex	显示层级	number	否	
iconPath	显示的图标	string	是	项目目录下的图片路径，支持网络路径、本地路径、代码包路径（2.3.0）
rotate	旋转角度	number	否	顺时针旋转的角度为 0 ~ 360°，默认为 0
alpha	标注的透明度	number	否	默认 1，无透明为 0 ~ 1
width	标注图标宽度	number/string	否	默认为图片实际宽度
height	标注图标高度	number/string	否	默认为图片实际高度

2．cover-view组件

cover-view组件，顾名思义，可以理解为覆盖视图组件。它是覆盖在原生组件之上的文本视图容器。可覆盖的原生组件包括 map、video、canvas、camera、live-player、live-pusher。只支持嵌套 cover-view、cover-image，可在cover-view中使用button。组件属性的长度单位默认为px，2.4.0起支持传入单位(rpx/px)。

3．cover-image组件

cover-image组件和cover-view组件类似，它是覆盖在原生组件之上的图片视图，支持嵌套在cover-view中。多数情况与cover-view一起使用，并作为cover-view的子组件出现。

9.2.2　功能说明

如图9.1所示，在小程序首页，也是附近商家的地图页，默认获取用户当前位置信息，并以此位置信息，在地图上展示附近10km内的商家标记点。移动地图超过一定距离，会自动按当前移动位置坐标搜索商家信息。点击商家标记点，在页面底部可显示商家信息栏。在地图左下角和右上角分别有：获取并显示当前位置和跳转到商家列表页的功能菜单。下面将就各部分功能实现进行讲解说明。

9.2.3 地图展示及功能菜单

下面开始编写基础的页面结构和样式，首先在pages/index/index.wxml文件中编写结构代码，具体如下。

```
<!-- 地图组件 -->
<map id='myMap' style="width:100%; height:{{windowheight}}px;" bindregionchange="ev_mapregionchange" bindmarkertap="ev_markertap" latitude="{{map_info.latitude}}" longitude="{{map_info.longitude}}" markers="{{map_info.markers}}" show-location>
    <!-- 功能菜单：获取并显示当前位置 -->
    <cover-view class='getlocation_view' bindtap='ev_getlocation'>
        <cover-image class='point_img' src='/images/icon_point.png'></cover-image>
    </cover-view>
    <!-- 功能菜单：跳转到商家列表页 -->
    <cover-view class='tolist_view' bindtap='ev_tolist'>
        <cover-image class='icon_list' src='/images/icon_list.png'></cover-image>
    </cover-view>
</map>
```

在上述代码中，因为地图组件要占据整个页面可视区域窗口大小，即高度值为页面可视区域窗口高度；其地图高度必须设置为一个固定的数值，不能设置为100%。

功能菜单用的是cover-view组件，看到这儿，你可能会比较好奇：不能用其他的view等组件吗？不能也不建议。亲自测试过，如果使用其他的非可覆盖在原生组件上的组件，即使能显示，也存在样式设置无效等问题。

所以，需要显示在地图上方的组件，有以下两点注意事项。

（1）必须要写在地图组件内，即地图组件相对于是个地图容器。

（2）必须使用可覆盖在原生组件上的组件，比如，cover-image、cover-view。

其次，在pages/index/index.wxss文件中，编写样式代码，具体如下。

```
/* 功能菜单：获取并显示当前位置样式定义 */
.getlocation_view {
  position: fixed;/* 固定、停靠定位 */
  bottom: 50rpx;
  left: 30rpx;
  padding: 8rpx;
}
/* 功能菜单图片样式定义 */
.getlocation_view .point_img, .tolist_view .icon_list {
  width: 80rpx;
  height: 80rpx;
```

```
}
/* 功能菜单：跳转到商家列表页样式定义 */
.tolist_view {
  position: fixed;
  top: 50rpx;
  right: 30rpx;
  padding: 8rpx;
}
```

在上述代码中，两个功能菜单都使用的是固定、停靠定位（position：fixed），这是覆盖在地图上的组件常用定位方式。

9.2.4　获取用户当前位置坐标

用户进入附近商家地图页，默认需要获取用户当前位置坐标，再以此坐标查询附近商家信息。获取用户当前位置坐标，在小程序中，首先在app.json文件中进行如下配置。

```
{
  "permission": {
//位置相关权限声明
"scope.userLocation": {
      //小程序获取权限时展示的接口用途说明。最长 30 个字符
      "desc": "获取你的位置信息将用于附近商家信息展示"
    }
  }
}
```

其次，在pages/index/index.js文件中，编写_get_location()函数，实现获取用户当前位置坐标及逻辑处理，具体代码如下。

```
  /**
   * 获取用户当前位置坐标
   * sucFun: 定位授权成功回调函数
   * failFun: 定位授权失败回调函数
   */
_get_location: function (sucFun,failFun){
    var that = this;
    wx_api.get_location(function (res) {
      that.user_latitude = res.latitude;
      that.user_longitude = res.longitude;
      sucFun && sucFun();
    }, failFun);
  }
```

如上代码，为了便于在不同的页面实现定位功能，将相关代码封装在utils/wx_api.js文件中，代码如下。

```
var apiObj = {
  /**
   * 获取用户当前坐标
   * sucFun: 定位授权成功回调函数
   * failFun: 定位授权失败回调函数
   * type: 坐标类型
```

```
    */
    get_location: function (sucFun, failFun, type) {
      !type && (type = 'gcj02');
      var getLocation_Fun = function () {
        // 用户已经同意的处理
        wx.getLocation({
          type: type,
          success: function (res) {
            console.log("坐标结果: ");
            console.log(res);
            sucFun && sucFun(res);
          }, fail: function (res) {
            failFun && failFun();
          }
        });
      };

      //要获得的用户授权名称
      const userLocation_scope = 'scope.userLocation';
      //获取用户坐标
      apiObj.authorize_scope(userLocation_scope, () => {
        getLocation_Fun();
      }, () => {
          apiObj.openSetting("检测到您没有打开地理位置权限，是否去设置打开？",
userLocation_scope, () => {
          getLocation_Fun();
        }, () => {
          failFun && failFun();
        });
      });
    },
    /**
     * 打开授权设置
     * tip: 打开授权设置提示
     * scope: 要获取授权名称
     * cb_fun: 成功回调函数
     * err_fun: 失败回调函数
     */
    openSetting: function (tip, scope, cb_fun, err_fun) {
      console.log('_openSetting');
      //显示确认对话框
      apiObj.showModal_tip(tip, null, (isYes) => {
        if (isYes) {
            //调起客户端小程序设置界面，返回用户设置的操作结果。设置界面只会出现小程序已
经向用户请求过的权限
          wx.openSetting({
            success: (res) => {
              console.log(res);
              //判断 要获取授权 是否已开启
              if (res.authSetting[scope]) {
                cb_fun && cb_fun();
```

```
              return;
            }
            err_fun && err_fun();
          },
          fail: () => {
            console.log('openSetting fail');
            err_fun && err_fun();
          }
        });
        return;
      }
      err_fun && err_fun();
    }, true);
  },
  /**
   * 获取授权
   * scope: 要获取授权名称
   * cb_fun: 授权成功回调函数
   * err_fun: 授权失败回调函数
   */
  authorize_scope: function (scope, cb_fun, err_fun) {
    //获取用户的当前设置。返回值中只会出现小程序已经向用户请求过的权限。
    wx.getSetting({
      success: (res) => {
        console.log('getSetting');
        if (!res.authSetting[scope]) {
          //如果授权未获取，则向用户发起授权请求
          wx.authorize({
            scope: scope,
            success: () => {
              // 用户已经同意的处理
              cb_fun && cb_fun();
            },
            fail: () => {
              console.log('authorize fail');
              err_fun && err_fun();
            }
          });
        } else {
          cb_fun && cb_fun();
        }
      },
      fail: () => {
        console.log('getSetting fail');
        err_fun && err_fun();
      }
    });
  }
};
module.exports = apiObj;
```

9.2.5 移动地图商家搜索实现

用户移动地图超过一定距离，会自动按当前移动位置坐标搜索附近商家信息。既然是移动地图，视野肯定会发生变化。所以，这里需要用到地图组件的regionchange事件。在pages/index/index.js文件中，编写ev_mapregionchange()函数，实现移动地图、视图发生改变时，进行商家搜索，相关代码如下。

```
Page({
  //标记默认数据加载是否已完成
  default_load_over:false,
  //页面数据
  data: {
    //商家信息栏是否隐藏
    sellerinfo_view_hidden:true,
    //地图信息
    map_info: {
      //中心点位置坐标（纬度）
      latitude: 0,
      //中心点位置坐标（经度）
      longitude: 0,
      //地图标记点数组
      markers: []
    }
  },
/**
   * 页面初次渲染完成事件
   */
  onReady: function (e) {
     //使用 wx.createMapContext 获取 map 上下文，并存放在当前页面对象中，便于后面调用相关接口
    this.mapCtx = wx.createMapContext('myMap');
  },
/**
   * 地图视图移动改变事件
   */
  ev_mapregionchange: function (e) {
    console.log(e);
     //判断：如果页面默认数据加载没有完成，或者视图移动改变事件类型不为end，则跳出此函数，避免数据重复加载
    if (!this.default_load_over || e.type!='end') return;
    console.log('-----ev_mapregionchange-------');

    var that = this;
    //移动地图时，需隐藏商家信息栏
    if (!that.data.sellerinfo_view_hidden){
      //将商家信息栏设为隐藏
      that.setData({
        sellerinfo_view_hidden: true
      });
    }
```

```
        //局部函数：获取当前移动距离是否需要进行商家搜索
        var get_moveiscanquery=function(a,b) {
          //计算两个数的差
          let res=a-b;
          //求绝对值
          res = Math.abs(res);
         console.log("get_moveiscanquery--" + a + " | " + b + " | " + res + " | ");
          return res >= 0.01;
        };

        //从页面对象中获取地图上下文实例
        var mapCtx = this.mapCtx;
        //获取（新的）当前地图中心的经纬度
        mapCtx.getCenterLocation({
          success: function (res) {
            //从页面数据中获取（旧的）地图中心的经纬度
            var map_info = that.data.map_info;
             //计算新旧经纬度，如果（移动距离）相差0.01（此数值根据情况可自行确定，数字越
大，则查询范围粒度越大），则以当前坐标查询周边商家信息
              if(get_moveiscanquery(res.longitude,map_info.longitude) || get_
moveiscanquery(res.latitude, map_info.latitude)){
              //设置地图中心坐标
              map_info.longitude = res.longitude;
              map_info.latitude = res.latitude;
              //更新页面数据
              that.setData({
                map_info: map_info
              });
              //查询周边商家
              that.load_data();
            }
          }
        });
      }
    })
```

在上述代码onReady事件中，调用wx.createMapContext接口，获取map上下文（对象），其方法参数为map组件id。后面可通过此上下文，调用地图相关的接口进行相应操作；这里使用的是getCenterLocation接口，用于获取当前地图（可视区域）的中心点坐标。

9.2.6 数据获取、商家地图标记实现

无论是页面默认加载，还是移动地图搜索商家信息，最终都要在地图上显示商家标记点。在pages/index/index.js文件中，编写相关如下。

```
    //获取应用实例
    const app = getApp();
    const util = require("../../utils/util.js");
    const com = require("../../utils/common.js");
    const wx_api = require("../../utils/wx_api.js");
```

```
const storage = require("../../utils/storage.js");
const http = require("../../utils/http.js");

const sysinfo = storage.getsysinfo('index');

Page({
  //标记默认数据加载是否已完成
  default_load_over:false,
  //商家信息集合（key: 商家id,value: 商家信息）
  sellerinfo_dict: null,
  //用户当前位置坐标（纬度）
  user_latitude: '',
  //用户当前位置坐标（经度）
  user_longitude: '',
  //页面数据
  data: {
    //地图信息
    map_info: {
      //中心点位置坐标（纬度）
      latitude: 0,
      //中心点位置坐标（经度）
      longitude: 0,
      //地图标记点数组
      markers: []
    },
    //当前页面窗口的高度(不包括底部导航栏的高度)
    windowheight: sysinfo.windowHeight
  },
  /**
   * 页面加载事件
   */
  onLoad: function (options) {
    var that = this;

    var com_fun = function () {
      that.default_load();
    };

    var getLocation_failFun=function(){
      that.setData({
        //(以北京天安门)设置默认地图中心点坐标信息
        map_info: {
          latitude: 39.916527,
          longitude: 116.397128,
          markers: []
        }
      });
      // 用户未同意的处理
      wx_api.showModal_tip(util.getLocationFailTip, that, com_fun);
    };
    //获取用户当前位置信息
```

```
    this._get_location(com_fun, getLocation_failFun);
  },
  //添加"我的位置"标记点
  _add_mylocationFlag:function(){
    var that = this;
    var markers = that.data.map_info.markers;
    if (that.user_latitude) {
      //添加"我的位置"标记点
      markers.push({
        iconPath: "/images/icon_flag.png",
        id: 0,
        latitude: that.user_latitude,
        longitude: that.user_longitude,
        width: 32,
        height: 41
      });
    }
    return markers;
  },
  /**
   * 默认页面数据加载
   */
  default_load: function () {
    var that = this;
    //添加"我的位置"标记,并返回地图标记数组
    var markers = that._add_mylocationFlag();
    //更新页面数据
    this.setData({
      map_info: {
        latitude: that.user_latitude,
        longitude: that.user_longitude,
        markers: markers
      }
    });
    //加载数据
    this.load_data(true);
  },
  /**
   * 数据加载
   * @param {*} is_default 是否是页面默认加载
   */
  load_data: function (is_default) {
    if (is_default){
      wx_api.showLoading();
    }else{
      wx.showNavigationBarLoading();
    }
    //请求完成公共处理函数
    let com_fun = () => {
      if (is_default) {
        this.default_load_over=true;//标记默认数据加载结束
```

```
          wx_api.hideLoading();
        } else {
          wx.hideNavigationBarLoading();
        }
      };
      var that = this;
      var map_info = this.data.map_info;
      //定义接口要传的数据（地图当前中心点坐标）
       var queryData = { longitude: map_info.longitude, latitude: map_info.
latitude};
      console.log("queryData");
      console.log(queryData);
      //请求接口：获取坐标附近商家信息
      util.getIndexApiResult('home_maplist', queryData, (res) => {
        console.log(res);
        com_fun();
        if (!res.result) {
          //请求失败提示
            var tip = (!res.result && res.message) ? res.message : wx_api.
nodata_tip;
          wx_api.showModal_tip(tip, that);
          return;
        }
        //获得商家列表数据
        var data = res.data;
        console.log(data);
        //判断商家列表数据是否不为空
        if (data && com.getObjItemCount(data)) {
          var marker_data=null;
          //判断商家信息集合是否不为空
           if (that.sellerinfo_dict && com.getObjItemCount(that.sellerinfo_
dict)){
            marker_data = {};
            //遍历商家列表
            for (var key in data){
              //去重处理，如果集合中已存在商家信息，则跳过，避免添加重复的商家标记点
              if (that.sellerinfo_dict[key]) continue;

              //追加：将商家信息添加到商家信息集合中
              that.sellerinfo_dict[key] = data[key];
              marker_data[key] = data[key];
            }
          }else{
            //商家信息集合为空，则无须处理
            that.sellerinfo_dict=data;
            marker_data = data;
          }

          //处理要显示的marker
          if (marker_data && com.getObjItemCount(marker_data)){
            var markers=[];
```

```
            //遍历商家标记点集合
            for (var key in marker_data) {
              //获取商家标记点项信息
              let item_data = marker_data[key];
              //添加商家标记点到标记点数组中
              markers.push({
                iconPath: "/images/icon_shop.png",
                id: item_data.id,
                latitude: item_data.latitude,
                longitude: item_data.longitude,
                title: item_data.name,
                width: 32,
                height: 39
              });
            }
            console.log('更新数据');
            var map_info = that.data.map_info;
            //合并、追加新的商家标记点
            map_info.markers = map_info.markers.concat(markers);
            console.log(map_info);
            //更新数据
            that.setData({
              map_info: map_info
            });
          }
          return;
        }
      });
    }
  });
```

在上述代码中，在添加商家标记点到标记点数组时，商家标记点对象的id为商家id。这也是多数情况下且建议的方式，即标记点id使用信息的主键或唯一标识id，比如，商家id、房源id、用户id等。这样做有以下两点好处。

（1）可以确保标记点id唯一、不重复。

（2）方便在标记点点击事件中取值，直接根据id即可获取对应的信息并做显示等处理。

9.2.7　点击标记显示商家信息

用户点击地图上的商家标记点，在页面底部显示商家信息栏。首先在pages/index/index.wxml文件中，编写布局代码如下。

```
  <!-- 地图组件 -->
  <map id='myMap' style="width:100%; height:{{windowheight}}px;" bindregionchange="ev_mapregionchange" bindmarkertap="ev_markertap" latitude="{{map_info.latitude}}" longitude="{{map_info.longitude}}" markers="{{map_info.markers}}" show-location>
      <!-- 商家信息栏 -->
      <cover-view class='sellerinfo_view flex' hidden='{{sellerinfo_view_hidden}}'>
```

```
            <cover-view class='flex list_item' data-id='{{sellerinfo.id}}'
bindtap='ev_tosellerinfo'>
                <cover-image class='left_box' src='{{sellerinfo.image_
thumb}}'></cover-image>
                <cover-view class='right_box flex'>
                    <cover-view class='name_box flex-col'>
                        <cover-view class='name'>{{sellerinfo.
name}}</cover-view>
                        <cover-view class="stars flex">
                            <!-- 商家评分展示 -->
                            <block wx:for="{{[1,2,3,4,5]}}"
wx:key="index">
                                <cover-image class='star_img'
src="/images/icon_str2.png" wx:if="{{item <= sellerinfo.pj_score}}"></cover-image>
                                <cover-image class='star_img'
src="/images/icon_str.png" wx:else></cover-image>
                            </block>
                        </cover-view>
                        <cover-view class='address'>
                            <cover-image class='address_img'
src='/images/point.png'></cover-image>
                            <cover-view>
                                {{sellerinfo.address}}
                            </cover-view>
                        </cover-view>
                    </cover-view>
                    <cover-view class='discount'>会员{{sellerinfo.
discount}}折</cover-view>
                </cover-view>
            </cover-view>
        </cover-view>
    </map>
```

其次，在pages/index/index.wxss文件中，编写样式代码如下。

```
/**index.wxss**/
/* 商家信息栏样式定义 */
.sellerinfo_view {
  background-color: #fff;/* 背景色 */
  position: fixed;/* 固定、停靠定位 */
  bottom: 20rpx;
  z-index: 100; /* z轴方向层级索引,值越大越靠上、最前方显示 */
  justify-content: center;/* 主轴方向: 居中对齐 */
  width: 710rpx;
  margin-left: 20rpx;
  border-radius: 10rpx;
}
/* 商家信息容器样式定义 */
.list_item {
  background-color: #fff;
  width: 100%;
  justify-content: space-between;/* 主轴方向: 两端对齐 */
```

```
  align-items: center;/* 交叉轴方向：居中对齐 */
  height: 192rpx;
}
/* 商家信息左侧容器样式定义 */
.list_item .left_box {
  width: 206rpx;
  height: 138rpx;
  margin-right: 24rpx;
  margin-left: 20rpx;
}
/* 商家信息右侧容器样式定义 */
.list_item .right_box {
  margin-right: 20rpx;
  flex: 1;
  justify-content: space-between;
  align-items: center;
  height: 138rpx;
}
/* 商家信息右侧名称容器样式定义 */
.list_item .right_box .name_box {
  justify-content: space-between;
  font-size: 26rpx;
  height: 100%;
  width: 386rpx;
}
/* 商家信息星型评分图片样式定义 */
.list_item .star_img {
  width: 28rpx;
  height: 28rpx;
  margin-right: 3px;
}
/* 商家信息右侧名称样式定义 */
.list_item .right_box .name_box .name {
  font-size: 32rpx;
  color: black;
  margin-top: 2rpx;
  word-break: break-all;
}
/* 商家信息右侧地址样式定义 */
.list_item .right_box .name_box .address {
  color: #b9b9b9;
  display: flex;
  align-items: center;
  justify-content: space-between;
}
/* 商家信息右侧地址图标样式定义 */
.list_item .right_box .name_box .address .address_img {
  height: 32rpx;
  width: 32rpx;
  min-width: 32rpx;
  margin-right: 10rpx;
```

```
}
/* 商家信息右侧折扣样式定义 */
.list_item .right_box .discount {
  font-size: 28rpx;
  color: #fe5554;
  width: 148rpx;
}
```

在上述布局代码中，map组件绑定了markertap事件，用于实现点击商家标记点，在页面底部显示商家信息栏。于是，在pages/index/index.js文件中，编写ev_markertap()函数，具体代码如下。

```
//index.js
Page({
  //商家信息集合(key: 商家id,value: 商家信息)
  sellerinfo_dict: null,
  //页面数据
  data: {
    //要显示的商家信息
    sellerinfo: {},
    //商家信息栏是否隐藏
    sellerinfo_view_hidden:true,
  },
  /**
   * 商家标记点点击事件
   */
  ev_markertap: function (e) {
    console.log('ev_markertap');
    //根据标记点id从商家信息集合中获取对应的商家信息
    var sellerinfo = this.sellerinfo_dict[e.markerId];
    //异常判断处理,如果商家信息不存在,则跳出此函数
    if (!sellerinfo){
      console.error('sellerinfo is not exist! ' + e.markerId);
      return;
    }
    console.log(sellerinfo);
     sellerinfo.image_thumb += "&t=" + com.getTime();//将图片地址加上时间戳,
解决有时显示空白的问题
    //更新显示商家信息
    this.setData({
      sellerinfo: sellerinfo,
      sellerinfo_view_hidden: false
    });
  }
});
```

9.3 附近商家列表页

本节将讲解附近商家列表页面的开发，功能点包括搜索栏、距离筛选菜单和商家评分展示。

通过本节内容的学习，读者可以学会input组件和template模板的使用，以及如何在小程序中利用template实现商家评分的列表显示。

9.3.1　前导知识

1. input组件

输入框。该组件是原生组件。常见属性如表9.3所示。

表 9.3　input 组件常见属性

属性	类型	默认值	必填	说明
value	string		是	输入框的初始内容
type	string	text	否	input 的类型
password	boolean	FALSE	否	是否是密码类型
placeholder	string		是	输入框为空时占位符
placeholder-style	string		是	指定 placeholder 的样式
placeholder-class	string	input-placeholder	否	指定 placeholder 的样式类
disabled	boolean	FALSE	否	是否禁用
maxlength	number	140	否	最大输入长度，设置为 -1 时不限制最大长度
confirm-type	string	done	否	设置键盘右下角按钮的文字，仅在type='text'时生效
confirm-hold	boolean	FALSE	否	点击键盘右下角按钮时是否保持键盘不收起
bindconfirm	eventhandle		是	点击完成按钮时触发,event.detail = {value: value}

其中，confirm-type属性，用于设置键盘右下角按钮的文字，其可取值如表9.4所示。

表 9.4　confirm-type 合法值

值	说明
send	右下角按钮为“发送”
search	右下角按钮为“搜索”
next	右下角按钮为“下一个”
go	右下角按钮为“前往”
done	右下角按钮为“完成”

2. template模板

在微信小程序中，可以通过WXML创建模板（template）。在模板中定义代码片段，方便在不同的地方调用，是一种封装布局渲染代码和代码复用的有效方式。

定义模板：使用name属性，作为模板的名字，然后在<template/>内定义代码片段，代码示例如下。

```
<!-- pages/common/tpl_tip_panel_view.wxml -->

<template name="tpl_tip_panel_view">
```

```
    <view class="tip_panel_view flex-col" style="height:{{height}};" hidden="{{is_hidden}}">
      <image class="jump" src="../../images/img_404.jpg"></image>
      <text>{{mes}}</text>
    </view>
  </template>
```

使用模板：先通过import导入模板文件，再使用is属性，声明需要使用的模板名称，然后将模板所需要的data传入；如果传入的data为对象，则需要使用“...”符号，相对于将对象拆解为属性值传入。代码示例如下。

```
<!--sellerlist.wxml-->
<!-- 导入模板 -->
<import src="../common/tpl_tip_panel_view.wxml" />
<template is="tpl_tip_panel_view" data="{{...tip_panel_data}}"/>  </view>
//sellerlist.js
Page({
  data: {
    //模板数据
    tip_panel_data: {
      height: '100%',
      mes: "暂无相关商家信息",
      is_hidden:false
    }
  }
});
```

9.3.2 功能说明

如图9.2所示，在附近商家列表页，默认以用户当前位置，可按距离筛选，以及商家名称搜索相关商家信息。下面分别就各部分功能做讲解说明。

9.3.3 搜索栏

图9.4 附近商家列表页搜索栏

如图9.4所示，首先在pages/sellerlist/sellerlist.wxml文件中，编写搜索栏部分的结构代码，具体如下。

```
<!-- 搜索栏 begin -->
  <view class="flex search_view">
    <!-- 距离筛选 -->
    <view class="flex left_view" bindtap='ev_tabfilterdistance'>
      <image class='home_s_point' src='/images/home_s_point.png'></image>
      <text>{{search_distance?(search_distance+'km'):'附近'}}</text>
      <image class='home_s_down' src='/images/home_s_down.png'></image>
    </view>
    <!-- 商家名称搜索 -->
```

```
        <view class="flex input_view">
            <image class='home_s_search' src='/images/home_s_search.png'></
image>
            <input placeholder="请输入商家名称" placeholder-class="search-
placeholder" confirm-type="search" bindconfirm="ev_datasearch"/>
        </view>
        <!-- "附近商家地图页"导航菜单 -->
        <view bindtap='ev_toindex' class="flex right_view">
          <image src='/images/icon_gprs.png'></image>
        </view>
      </view>
    <!-- 搜索栏  end -->
```

其次，在pages/sellerlist/sellerlist.wxss文件中，编写样式代码，具体如下。

```
    /* 搜索栏容器样式定义 */
    .search_view {
      padding: 20rpx 0px;
      width: 100%;
      background-color: #fff;
      justify-content: space-between;/* 主轴水平方向：两端对齐 */
      align-items: center;/* 交叉轴垂直方向：居中对齐 */
      position: fixed;/* 固定、停靠定位 */
      top: 0px;
    }
    /* 搜索栏右侧样式 */
    .search_view .right_view {
      align-items: center;
      padding: 0px 30rpx;
    }
    /* 搜索栏右侧图片样式 */
    .search_view .right_view image {
      width: 60rpx;
      height: 60rpx;
    }
    /* 搜索栏左侧样式 */
    .search_view .left_view {
      margin-left: 20rpx;
      height: 62rpx;
      background-color: #56cb56;
      justify-content: space-between;
      align-items: center;
      border-radius: 30rpx;
      padding: 0px 20rpx;
    }
    /* 搜索栏左侧距离图标样式 */
    .search_view .left_view .home_s_point {
      width: 27rpx;
      height: 27rpx;
    }
    /* 搜索栏左侧距离文本样式 */
    .search_view .left_view text {
```

```
    font-size: 26rpx;
    color: #fff;
    margin-left: 26rpx;
    margin-right: 10rpx;
    width: 54rpx;
  }
  /* 搜索栏左侧距离菜单显示样式 */
  .search_view .left_view .home_s_down {
    width: 22rpx;
    height: 22rpx;
  }
  /* 搜索栏文本框容器样式 */
  .search_view .input_view {
    margin-left: 30rpx;
    height: 62rpx;
    flex: 1;
    background-color: #ededed;
    justify-content: space-between;
    align-items: center;
    border-radius: 30rpx;
    padding: 0px 16rpx;
  }
  /* 搜索栏文本框样式 */
  .input_view input {
    text-align: left;
    font-size: 26rpx;
    flex: 1;
    margin-left: 20rpx;
  }
  /* 搜索栏搜索图标样式 */
  .search_view .input_view .home_s_search {
    height: 28rpx;
    width: 28rpx;
  }
  /* 搜索栏文本框提示样式 */
  .search-placeholder {
    color: #656565;
    line-height: 25rpx;
    text-align: left;
    font-size: 26rpx;
  }
```

在上述布局代码中，商家名称文本框的confirm-type属性，设置为search，这样在点击搜索框调起键盘时，键盘右下角按钮显示为“搜索”，点击搜索即可触发绑定的confirm事件，如此，即可达到搜索商家信息的功能。

进入pages/sellerlist/sellerlist.js文件中，编写ev_datasearch()函数，实现根据商家名称搜索信息，具体代码如下。

```
  Page({
    /**
     * 存放当前搜索的商家名称
```

```
    */
   search_kw:'',
   /**
    * 商家关键词搜索事件
    * @param {*} e
    */
   ev_datasearch: function (e) {
     console.log('ev_datasearch');
     //获取搜索文本框内容
     var keyword = e.detail.value;
     //去除空格,并将值存放到页面属性search_kw中,以便数据搜索
     this.search_kw = com.trim(keyword);
     //搜索商家信息
     this.default_load();
   }
 });
```

9.3.4 距离筛选菜单实现

附近商家列表页距离筛选菜单如图9.5所示。

图9.5　附近商家列表页距离筛选菜单

首先在pages/sellerlist/sellerlist.wxml文件中，编写搜索栏部分的结构代码，具体如下。

```
<!-- 距离筛选菜单 begin-->
  <!-- 筛选菜单 -->
  <view class="filter-view flex-col" hidden="{{filterdistance_hidden}}">
    <!-- 遍历 距离筛选菜单项数组 -->
    <block wx:for="{{distance_filters}}" wx:for-item="item" wx:key='key'>
      <view data-key="{{item.key}}" bindtap="ev_filterselect">
        <!-- 如果菜单项的key等于当前要筛选的距离,则显示选中效果 -->
        <block wx:if="{{item.key==search_distance}}">
          <text class="selected">{{item.val}}</text>
          <view class="icon">
            <image src="../../images/icon_dg.png"></image>
          </view>
        </block>
        <block wx:else>
          <!-- 菜单项未选中效果 -->
```

```
            <text>{{item.val}}</text><text> </text>
          </block>
        </view>
      </block>
    </view>
    <!-- 距离筛选菜单遮罩层 -->
     <view class="filter-cover" bindtap="ev_tabfilterdistance"
hidden="{{filterdistance_hidden}}"></view>
  <!-- 距离筛选菜单 end-->
```

其次，在pages/sellerlist/sellerlist.wxss文件中，编写样式代码，具体如下。

```
/* 距离筛选菜单遮罩层样式 */
.filter-cover {
  position: fixed;/* 固定、停靠定位 */
  top: 102rpx;
  width: 100%;
  height: 100%;
  z-index: 90;
  opacity: 0.5;/* 透明度 */
  background-color: #a9a7a7;/* 背景色 */
}
/* 距离筛选菜单容器样式 */
.filter-view {
  position: fixed;/* 固定、停靠定位 */
  top: 102rpx;
  width: 100%;
  font-size: 28rpx;
  border-bottom: 2rpx solid #f7f9fc;
  justify-content: center;
  align-items: center;
  z-index: 100;
  background-color: white;
  height: 240rpx;
}
/* 距离筛选菜单项样式 */
.filter-view view {
  /* 主轴方向占据父容器的大小，这里相当于height: 100%; */
  flex: 1;
  padding: 5rpx 0px;
  color: black;
  display: flex;
  flex-direction: row;
  width: 100%;
  align-items: center;
  text-align: right;
}
/* 距离筛选菜单项文本样式 */
.filter-view text {
  flex: 1;
}
/* 距离筛选菜单项文本选中样式 */
```

```
.filter-view text.selected {
  color: #2cc17b;
}
/* 距离筛选菜单项选中图标样式 */
.filter-view .icon {
  padding-left: 8rpx;
}

.filter-view .icon image {
  width: 26rpx;
  height: 26rpx;
}
/* 距离筛选菜单项文本最后一项样式 */
.filter-view text:last-child {
  text-align: left;
  margin-left: 4px;
}
```

最后，在pages/sellerlist/sellerlist.js文件中，编写点击距离筛选菜单搜索和隐藏距离筛选菜单相关代码，具体如下。

```
//sellerlist.js
Page({
  data: {
     /**
     * 当前要筛选的距离
     */
    search_distance: '',
    /**
     * 距离筛选菜单是否隐藏
     */
    filterdistance_hidden:true,
    /**
     * 距离筛选菜单项数组（key: 距离,val: 菜单显示文本）
     */
    distance_filters: [
      { key: '', val: '附近' },
      { key: 1, val: '1km' },
      { key: 2, val: '2km' },
      { key: 5, val: '5km' }
    ]
  },
  /**
   * 点击'筛选'菜单选项事件
   */
  ev_filterselect: function (e) {
    //获取当前点击的菜单选项组件的自定义数据
    var dataset = e.currentTarget.dataset;
    //获取筛选key
    var search_distance = dataset.key;
    //隐藏"距离筛选菜单",更新页面数据
```

```
        this.setData({
          filterdistance_hidden: true,
          search_distance: search_distance
        });

        //搜索商家信息
        this.default_load();
      },
      /**
       * 点击 "距离"筛选 或 距离筛选菜单遮罩层 事件：切换"距离筛选菜单"的隐藏状态
       */
      ev_tabfilterdistance: function (e) {
        //取出当前页面数据中的filterdistance_hidden
        var filterdistance_hidden = this.data.filterdistance_hidden;
        //将filterdistance_hidden取反，更新页面数据
        this.setData({
          filterdistance_hidden: !filterdistance_hidden
        });
      }
    });
```

9.3.5 商家评分展示

如图9.2和图9.3所示，在附近商家地图页和商家详情页都需要展示商家评分，且是一样的效果。有没有什么办法可以实现商家评分展示的代码复用呢？模板就是一种不错的实现方式。首先在pages/common/tpl_starshow.wxml文件中，编写商家评分展示模板相关代码，具体如下。

```
    <!-- 商家评分展示模板，模板名称：tpl_starshow -->
    <template name="tpl_starshow">
       <!-- 遍历数组，渲染5个星星图片 -->
       <block wx:for="{{[1,2,3,4,5]}}" wx:key="index">
              <!-- 判断项是否小于等于评分，是，则显示实星，否则显示空星 -->
              <image  src="../../images/icon_str2.png"  wx:if="{{item  <=  pj_
score}}"></image>
              <image src="../../images/icon_str.png" wx:else></image>
       </block>
    </template>
```

其次，在pages/sellerlist/sellerlist.wxml文件中，导入商家评分展示模板文件，调用模板，进行商家信息列表展示，具体代码如下。

```
    <!-- 导入 商家评分展示模板 -->
    <import src="../common/tpl_starshow.wxml" />
    <!-- 遍历渲染商家信息 -->
    <navigator  wx:for="{{data_list}}"  wx:for-item="item"  wx:key="id"
class='flex list_item' url="../sellerinfo/sellerinfo?id={{item.id}}">
          <image class='left_box' src='{{item.image_thumb}}'></image>
          <view class='right_box flex'>
            <view class='name_box flex-col'>
              <text class='name'>{{item.name}}</text>
```

```
            <view class="stars">
              <!-- 使用 商家评分展示模板 -->
              <template is="tpl_starshow" data="{{...item}}" />
            </view>
            <view class='address'>
              <image src='/images/point.png'></image>
              {{item.address}}
            </view>
          </view>
          <view class='discount'>会员{{item.discount}}折</view>
        </view>
</navigator>
```

9.4　关键功能解析：微信支付

本节将讲解微信支付。通过本节内容的学习，读者可以学会wx.requestPayment接口的使用，以及在小程序中调起微信支付的步骤和开发注意事项。

9.4.1　功能说明

在“开通会员卡”页，用户可以使用微信支付在线开通会员卡，如图9.6所示。

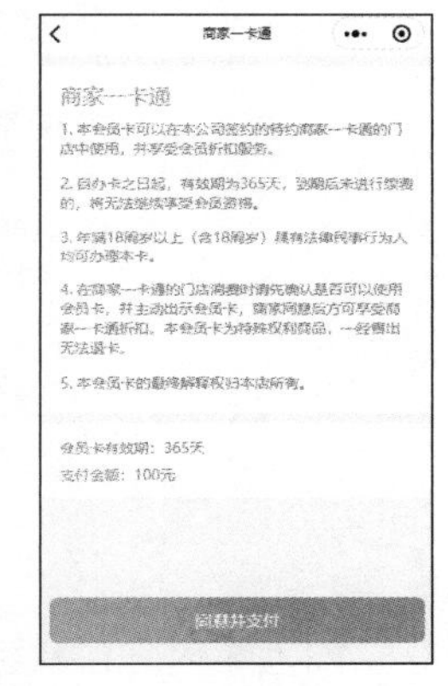

图9.6　开通会员卡页

9.4.2　功能实现

在pages/buycard/buycard.js文件中，编写调起微信支付相关逻辑代码，具体如下。

```
// pages/buycard/buycard.js
Page({
  ev_topay: function (e) {
      var that = this;
     //显示loading提示
      wx.showLoading({
        title: '处理中',
        mask: true
      });
      //请求接口，获取发起微信支付的参数对象
      util.getMyApiResult('card_topay', pay_data, (res) => {
        console.log(res);
        wx.hideLoading();
        switch (res.result) {
          case 1: {
            //微信支付的参数对象
            var paydata = res.data;
            //支付调用成功回调函数
            paydata.success = function (res) {
```

```
                //此处要延迟3s再提示，便于服务器端获得支付回调
                setTimeout(() => {
                  wx_api.showToast('支付成功', that, false, true, () => {
                    //跳转到 会员卡 查看页面
                    wx.navigateTo({
                      url: '../mycard/mycard',
                    });
                  });
                }, 1500);
              };
              //支付调用失败回调函数
              paydata.fail = function (res) {
                wx_api.showToast("支付已取消");
              };
              //调用微信支付，发起支付
              wx.requestPayment(paydata);
              return;
            }
            default: {
              let mes = res.message;
              !mes && (mes = "操作失败，请稍后再试");
              wx_api.showToast(mes);
              return;
            }
          }
        });
    }
})
```

如上述代码，调起微信支付的步骤如下。

（1）从服务端获取支付参数。

（2）调用wx.requestPayment接口，发起支付。

需要重点说明的是，由于服务端收到微信支付的支付成功通知，可能存在一定的网络延迟。所以，在支付调用成功回调函数中，建议使用定时器延迟至少3s，再做提示或页面跳转等处理。为了更稳妥起见，可采用延迟几秒后，请求接口获取服务端当前交易订单的支付状态，这样可以保证小程序端和服务端数据绝对的一致性。

9.5 关键功能解析：商家评价和评分实现

本节将讲解商家评价和评分实现。通过本节内容的学习，读者可以学会textarea组件的使用，以及如何在小程序中实现评价和评分功能。

9.5.1 前导知识

textarea组件是多行输入框，该组件是原生组件。常见属性如表9.5所示。

表 9.5　textarea 组件常见属性

属性	类型	默认值	必填	说明
value	string		否	输入框的内容
placeholder	string		否	输入框为空时占位符
placeholder-style	string		否	指定 placeholder 的样式，目前仅支持color,font-size和font-weight
placeholder-class	string	textarea-placeholder	否	指定 placeholder 的样式类
disabled	boolean	FALSE	否	是否禁用
maxlength	number	140	否	最大输入长度，设置为 -1 时不限制最大长度
fixed	boolean	FALSE	否	如果 textarea 是在一个 position:fixed 的区域，需要显示指定属性 fixed 为 true
show-confirm-bar	boolean	TRUE	否	是否显示键盘上方带有“完成”按钮那一栏
bindfocus	eventhandle		否	输入框聚焦时触发，event.detail = { value, height }，height 为键盘高度，在基础库 1.9.90 起支持
bindblur	eventhandle		否	输入框失去焦点时触发，event.detail = {value, cursor}
bindconfirm	eventhandle		否	点击完成时，触发 confirm 事件，event.detail = {value: value}

9.5.2　功能说明

在“用户消费记录”页，用户可以查看所有消费订单记录，并可对商家进行评价，如图9.7所示。

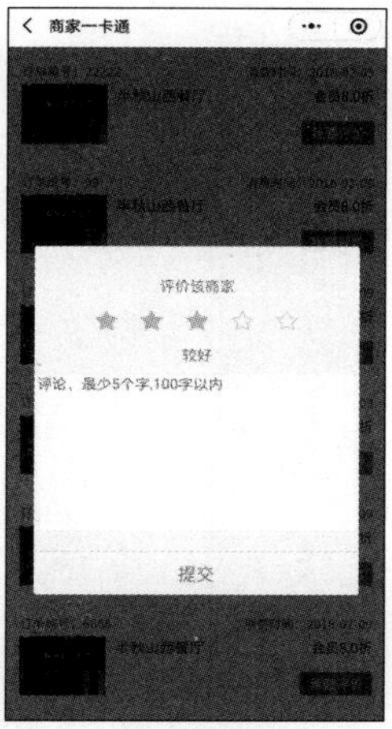

图9.7　用户消费记录

9.5.3　布局实现

首先在pages/myconsumelog/myconsumelog.wxml文件中，编写商家评价弹框部分的布局代码，具体如下。

```
<!-- 商家评价弹框 -->
<modal hidden="{{pj_model_ishidden}}" class="modal" no-cancel bindconfirm="ev_pjpost" confirmText="提交">
  <view class="dopj-view flex-col">
    <text>评价该商家</text>
    <view class="star-view">
      <!-- 遍历数组，渲染5个星星图片 -->
      <block wx:for="{{[1,2,3,4,5]}}">
        <!-- 判断项是否小于等于选择的评分，是，则显示实星，否则显示空星 -->
          <image data-num="{{item}}" bindtap="ev_startab" src="../../images/icon_str2.png" wx:if="{{item <= dopj.score}}"></image>
          <image data-num="{{item}}" bindtap="ev_startab" src="../../images/icon_str.png" wx:else></image>
      </block>
```

```
        </view>
        <text class="pj-text">{{dopj.show}}</text>
        <!-- 评价内容输入框 -->
        <textarea bindblur="ev_txtblur" bindconfirm="ev_txtblur" placeholder="评论，最少5个字，100字以内" fixed="true" cursor-spacing="30px" maxlength="100" placeholder-class="textarea_placeholder" />
      </view>
    </modal>
```

在上述代码中，商家评价弹框用的是modal组件，该组件目前官方已不建议使用，即将移除。对此组件，不做过多讲解。

其中，评价内容输入框绑定了blur（输入框失去焦点时触发）和confirm（单击键盘上完成时触发）事件，实现输入框失去焦点（如输入后直接点击其他区域或收回键盘）或单击键盘上的“完成”按钮后，获取输入的评价内容；实际上，这里应该使用form组件，通过表单提交获取输入文本，form组件的具体使用，可参见第8章中的讲解。由于弹框modal定位方式为fixed，则textarea组件必须要设置fixed属性为true。

其次，在pages/myconsumelog/myconsumelog.wxss文件中，编写相关样式，具体代码如下。

```
/* 提交评价弹框相关 */
/* 评价容器样式 */
.dopj-view {
  justify-content: center;
  align-items: center;
  font-size: 30rpx;
}
/* 评价星星评分样式 */
.dopj-view .star-view {
  display: flex;
  width: 80%;
  justify-content: space-around;
  padding: 20rpx 0px;
}
/* 评价星星评分图片样式 */
.dopj-view .star-view image {
  width: 46rpx;
  height: 42rpx;
  padding: 10rpx 16rpx;
}
/* 评价内容输入框样式 */
.dopj-view textarea {
  background-color: white;
}
/* 评分等级样式 */
.dopj-view .pj-text {
  padding-bottom: 20rpx;
}
/* 评价内容输入框提示样式 */
.dopj-view .textarea_placeholder {
  color: gray;
}
```

9.5.4　功能实现

在pages/myconsumelog/myconsumelog.js文件中，编写展示当前选择的评分和获取评价内容相关逻辑代码，具体如下。

```
// pages/myconsumelog/myconsumelog.js
const app = getApp();
const util = require("../../utils/util.js");
const wx_api = require("../../utils/wx_api.js");
/**
 * 评分等级文本数组
 */
const PJSHOW_TEXT = ['较差', '一般', '较好', '好', '很好'];
/**
 * 默认评分
 */
const DEFAULT_PJ_SCORE = 3;

Page({
  data: {
    /**
     * 商家评价弹框是否隐藏
     */
    pj_model_ishidden: true,
    /**
     * 当前选择的评分信息
     */
    dopj: {
      /**
       * 评分
       */
      score: DEFAULT_PJ_SCORE,
      /**
       * 评分等级显示文本
       */
      show: PJSHOW_TEXT[DEFAULT_PJ_SCORE - 1]
    }
  },
  /**
   * 获取评价内容输入框内容
   */
  ev_txtblur: function (e) {
    console.log(e.detail.value);
    //将评价内容存放在页面对象中,以便提交评价
    this.pjcontent = e.detail.value;
  },
  /**
   * 评分星星图标点击事件
   * @param {*} e
   */
  ev_startab: function (e) {
```

```
        console.log(e);
        //获取点击评分星星图标组件上的自定义数据：评分
        var score = e.currentTarget.dataset.num;
        //更新页面数据
        this.setData({
          dopj: {
            score: score,
            show: PJSHOW_TEXT[score - 1]
          }
        });
      }
    })
```

在上述代码中，评分程序设计思路是：以评分减1作为索引，从评分等级文本数组PJSHOW_TEXT中，获取对应的评分等级文本。

9.6 本章小结

本章通过一个同城商家优惠信息类小程序项目中关键页面及功能的讲解，带你学习和掌握地图添加标记、移动地图数据搜索、获取当前位置坐标、商家评价、微信支付和筛选菜单等功能实现；了解和学会map组件、cover-view组件、cover-image组件、input组件、textarea组件、wx.createMapContext接口和wx.requestPayment接口的用法。到此已讲解完8个不同类型或行业的微信小程序项目案例。

小程序直播开发

微信小程序直播组件是2020年2月，刚推出不久的新功能。在短视频风口，尤其是当下正火热的直播带货，小程序直播无疑是很好的解决方案，可以结合微信小程序，实现良好的用户体验和交易闭环。新技术且处在风口期，学习微信小程序直播开发的必要性，想必大家都有比较清晰的认识。本章将结合项目案例，围绕微信小程序直播开发相关问题、步骤及实现，进行详细讲解。

学习思维导图

学习目标	为什么要学习微信小程序直播开发 小程序直播有哪些实现方式及选择 微信小程序直播介绍 如何开通微信小程序直播 如何创建小程序直播间 小程序主播端使用及认证 如何接入第三方推流设备 如何在小程序里实现直播间
重点知识	小程序直播实现方式 小程序直播开通 小程序直播开发
关键词	小程序直播间、小程序直播组件、推流设备

10.1　为什么要学习微信小程序直播开发

本章开头提到了两个关键点“短视频风口”和“直播带货”。简而言之，微信小程序直播开发是新技术且处在风口期。

基于微信庞大的用户群体和社交关系，以及有着得天独厚的最有价值的“私域流量”，小程序直播将会有很大的发展潜力，会成为2020年及未来一两年内很火热的技术及应用！

小程序的电商生态主要以私域逻辑为主，已形成了“公众号+微信群+小程序”的流量转化体系，以及导购助手、物流助手、行业助手等相对完善的运营工具体系。“直播”这一带货模式的价值，在于进一步将私域流量转化成私域用户，在商家与消费者之间建立黏性更强的交互行为。

小程序直播能最大化盘活和利用私域流量，从而实现转化获利！

综上所述，微信小程序直播开发是当下很值得学习的技术。

10.2 小程序直播有哪些实现方式及选择

小程序直播的实现方式，目前有以下2种。

（1）开通看点直播。

（2）基于小程序直播组件开发。

它们应该如何选择呢？它们的优势对比分析如下。

（1）开通看点直播：无须开发、可以获得公域流量支持。

（2）小程序直播组件：需要开发、私域流量转化率更好。

所以，具体选择哪种方式，参照上面的优势分析即可。对于有开发能力的公司，且拥有比较大的私域流量，推荐使用基于小程序直播组件开发（也是本文要跟大家讲解的直播实现方式，后面提到的小程序直播均指此方式），毕竟转化和成交率是直播最直接的目的！

10.3 微信小程序直播介绍

“小程序直播”是微信提供给开发者的实时视频直播工具，包括直播管理端、主播端和观众端等模块，支持提供常用的用户互动和营销促销工具。其中，主播端和观众端的界面效果，如图10.1所示。

主播端

观众端

图10.1 小程序直播主播端和观众端

小程序直播开发简单、快捷，开发者只需在小程序中引入相关代码，并在微信小程序管理后台完成配置，即可向用户提供直播服务，在小程序内流畅完成购买交易闭环，提升转化率。

目前小程序直播的特点归纳为以下几点。

（1）形态：竖屏。

（2）互动：点赞、评论、抽奖。

（3）带货：直播画面内可以看到商品展示、并且可以直接在商家的小程序内完成购买。

（4）提醒：用户对感兴趣的直播，可以一键“开启提醒”。在直播开始前1分钟，会自动给用户发送直播开始提醒的模板消息通知。此功能亲测很实用，而且时间也比较适合；如果过早提醒，比如“直播开始前 10 分钟”，我们很可能后面因为忙于其他事情而忘记。

（5）其他：可以利用代金券、优惠券的形式吸引用户回流，在转化率上相比其他直播电商平台有不小的优势。

为了让大家对上面的特点，有更直观的了解和认识，下面附上几张微信小程序直播项目案例的截图，如图10.2~图10.4所示。

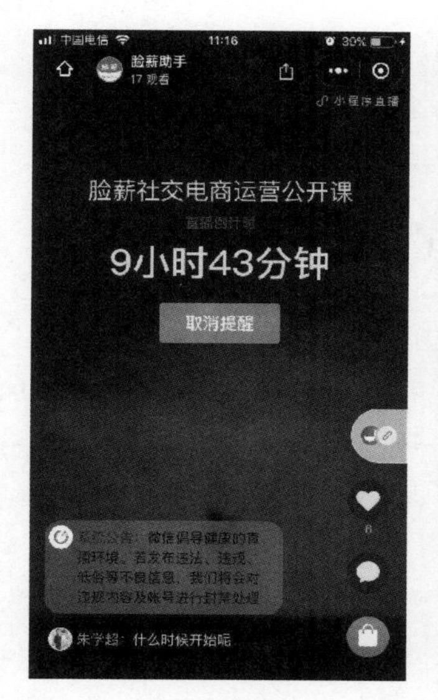

图10.2　小程序直播开播提醒　图10.3　小程序直播观众端互动　图10.4　小程序直播观众端商品橱窗

10.4　如何开通微信小程序直播

图10.5所示为微信小程序直播开通流程图。整个开通流程比较简单，也很好理解。看到“满足开通条件”，你肯定会有一个大大的问号：小程序直播开通到底要满足什么条件？对于这个问题，从以下两点做解答。

图10.5　小程序直播开通流程图

1．类目要求

（1）小程序开发者为国内非个人主体开发者。

（2）小程序开发者为“电商平台”或“商家自营”类目下的17个垂直品类，具体可参考《微信小程序开放的服务类目》，如图10.6所示。

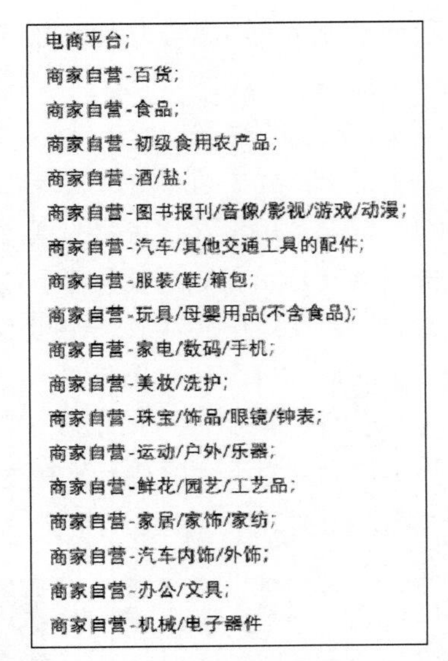
电商平台；
商家自营-百货；
商家自营-食品；
商家自营-初级食用农产品；
商家自营-酒/盐；
商家自营-图书报刊/音像/影视/游戏/动漫；
商家自营-汽车/其他交通工具的配件；
商家自营-服装/鞋/箱包；
商家自营-玩具/母婴用品(不含食品)；
商家自营-家电/数码/手机；
商家自营-美妆/洗护；
商家自营-珠宝/饰品/眼镜/钟表；
商家自营-运动/户外/乐器；
商家自营-鲜花/园艺/工艺品；
商家自营-家居/家饰/家纺；
商家自营-汽车内饰/外饰；
商家自营-办公/文具；
商家自营-机械/电子器件

图10.6　能开通小程序直播的17个垂直品类

2．运营要求

（1）主体下小程序近半年没有严重违规。

（2）小程序近90天存在支付行为。

以上运营条件和类目要求，同时满足的前提下，下面3个条件满足其一即可。

（1）主体下公众号累计粉丝数大于100。

（2）主体下小程序近7日dau大于100。

（3）主体在微信生态内近一年广告投放实际消耗金额大于1万元。

所以，只有当类目和运营要求都满足，才能开通小程序直播。

10.5　如何创建小程序直播间

如图10.7所示，登录微信小程序管理平台，点击左侧菜单“直播”，进入小程序直播管理端首页，单击“创建直播间”按钮，即可进入创建直播间页面，如图10.8所示。

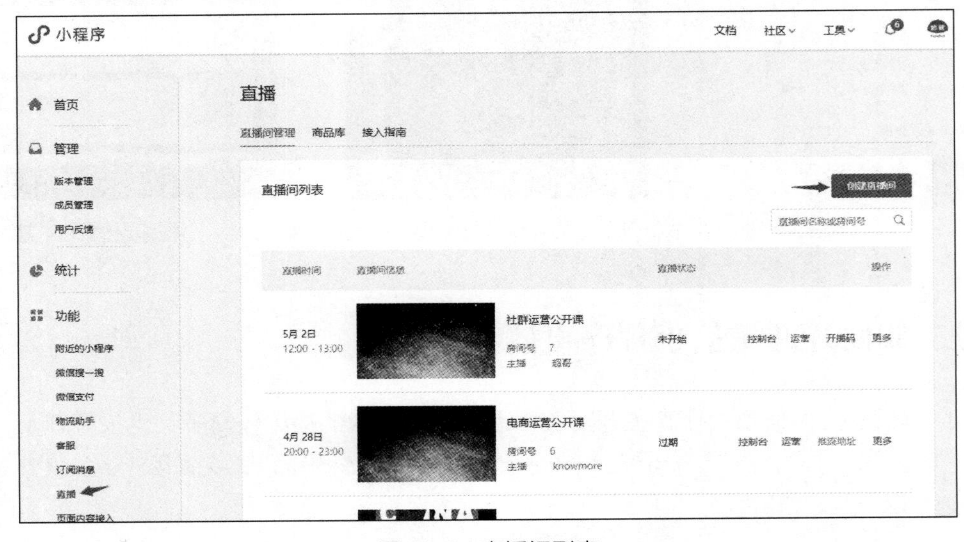

图10.7　直播间列表

从图10.8可以看到，直播类型分为两种：手机直播和推流设备直播，默认为：手机直播，也是我们最常用的直播类型。单击“下一步”按钮，进入“基本信息”设置页面，如图10.9所示。

小程序
文档
社区
工具
创建直播间
① 直播形式 —— ② 基本信息 —— ③ 样式配置
直播形式在直播间创建后不可修改
直播类型
手机直播
通过“小程序直播主播端小程序”发起直播
推流设备直播
通过第三方推流设备发起直播（仅当小程序直播组件版本在1.0.3或以上有效果）
下一步

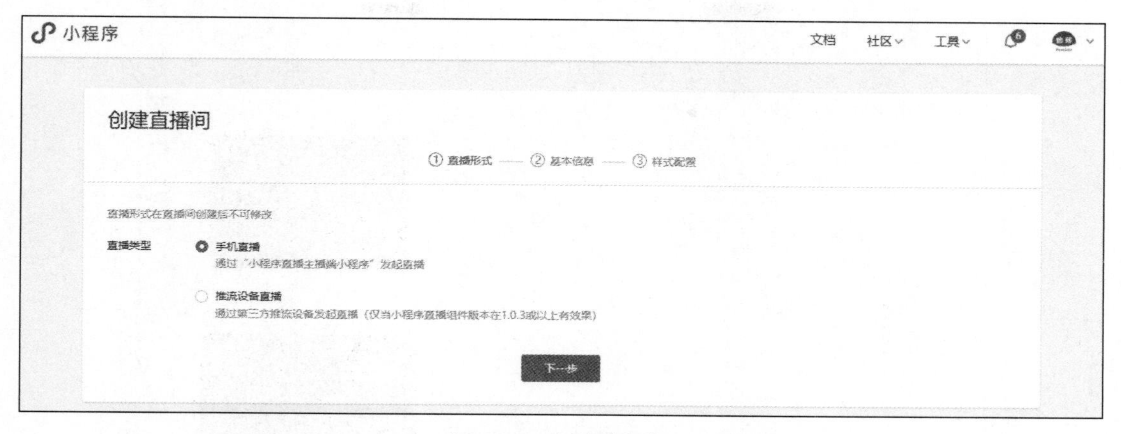

图 10.8　创建直播间

小程序
文档
社区
工具
创建直播间
① 直播形式 —— ② 基本信息 —— ③ 样式配置
直播标题
脸薪社交电商运营公开课
11/17
开播时间
2020/05/05 0:00:00
至 2020/05/06 0:00:00
开播时间段仅供参考，不是实际直播间可以开播的时间。
直播间在开始时间前也可以开播，并且到结束时间后不会强制结束。
若到结束时间仍未开播，则直播间无法再开播。
所选时间范围必须在12小时以内
主播昵称
knowmore
4/15
主播微信账号
zxcsmilelife
主播已验证
每个直播间需要绑定一个用作核实主播身份，不会展示给观众。
上一步
下一步

图 10.9　创建手机直播间

在创建直播间页面，需要设置直播标题、开播时间、主播昵称和主播微信账号。

开播时间需要重点说明以下两点。

1. 所选时间范围（开播和结束时间相隔）必须在 12 小时以内。
2. 开播时间至少在（当前时间）10 分钟后。

主播（微信号）需要认证，在后面的内容中会具体进行讲解。

信息填写好，单击“下一步”按钮，进入“样式配置”页面，如图 10.10 所示。

在“样式配置”页面需要设置分享卡片样式和直播间样式，以及可以根据需要勾选直播间功能。

单击“创建直播间”按钮，即可完成直播间的创建。

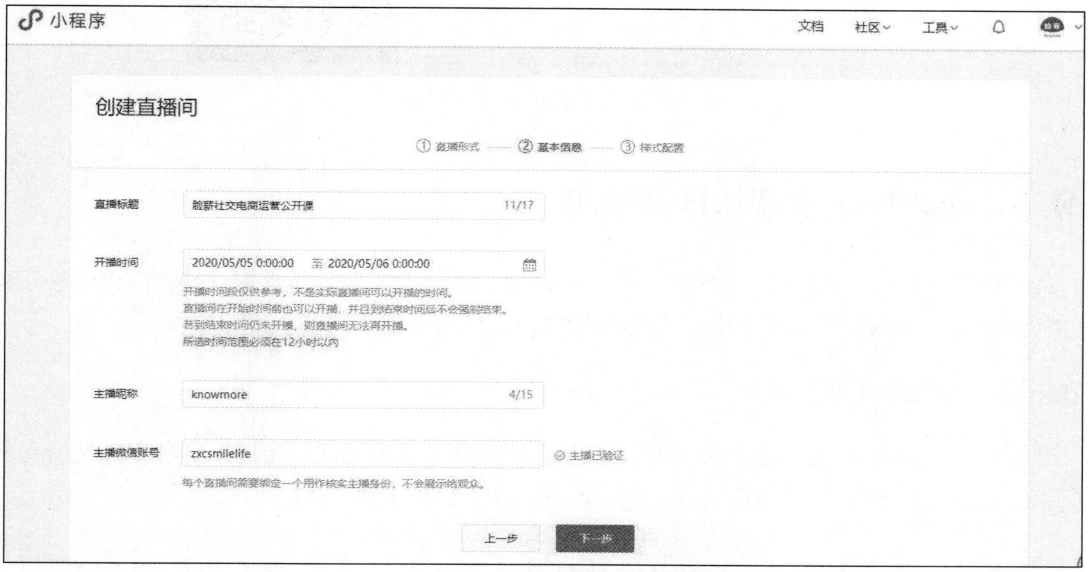

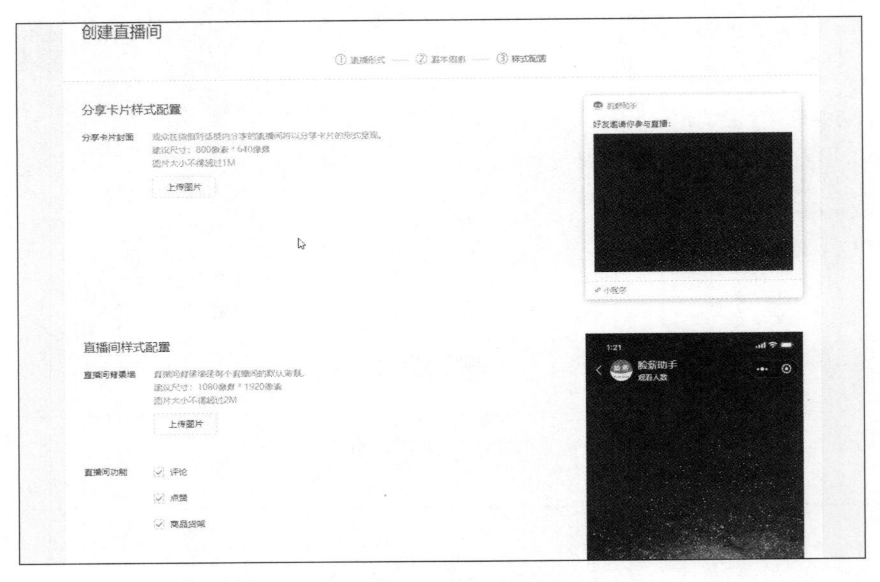

图10.10　直播间样式配置

10.6　小程序主播端认证及使用

本节将讲解小程序主播端认证流程和如何使用。通过本节内容的学习，读者可以学会小程序主播端认证及使用，为后续开始小程序直播打下良好的基础。

10.6.1　小程序主播端认证

如图10.11所示，在创建直播间时，如果主播微信账号未验证，会显示红色提示及身份验证二维码。这时，需要扫码进行认证，认证流程如图10.12所示。

创建直播间
① 直播形式 —— ② 基本信息 —— ③ 样式配置
直播标题　小程序直播开发公开课　10/17
开播时间　直播开始时间　至　直播结束时间
主播昵称　5/15
主播微信账号　hbcwxkj

图10.11　创建直播间主播验证

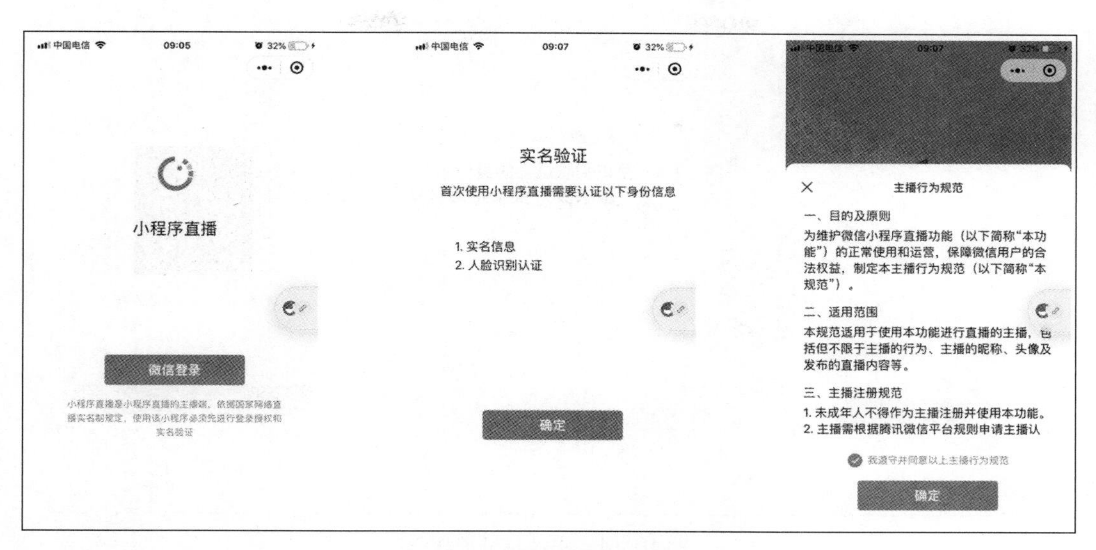

图10.12　主播认证流程一

从左到右步骤分别说明为：小程序直播端简介及微信登录、实名认证和主播行为规范。勾选已阅读并遵守主播行为规范，单击“确定”按钮，进入如图10.13所示认证流程。

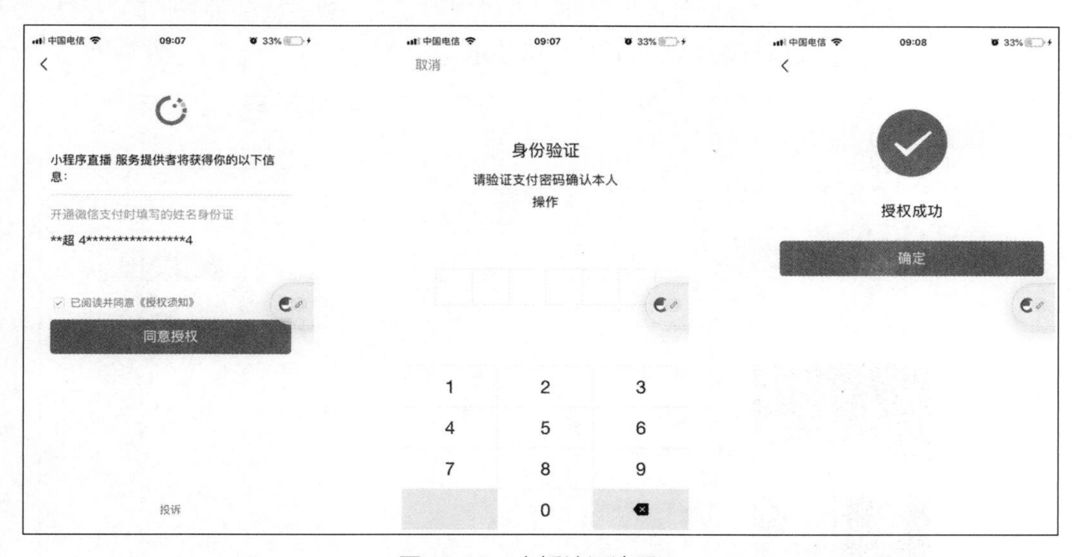

图10.13　主播认证流程二

同意小程序直播，获取直播微信号对应的姓名和身份证信息，再进行微信支付密码验证，即可完成实名信息授权。然后进入如图10.14所示认证流程。

进行人脸识别认证，认证通过后，即可完成小程序主播端认证。

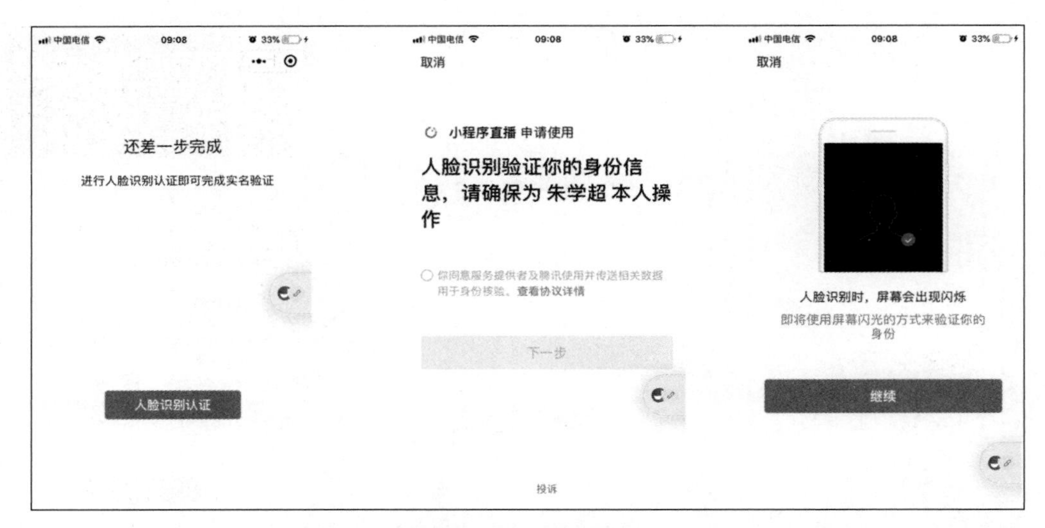

图10.14　主播认证流程三

10.6.2　小程序主播端使用

如图10.15所示，在“直播间管理”页面，可以查看我们创建直播间的开播码，扫描二维码，即可进入小程序直播主播端界面，如图10.16所示。

图10.15　直播间管理列表

在小程序直播主播端界面，可以查看当前直播的标题、开播时间等信息，点击“发起直播”按钮，进入图10.17所示界面。

在该界面，可以设置和调节美颜、美白和清晰度，以及设备直播形式（竖屏还是横屏）。目前小程序直播主播端的操作，简单明了，很适合小白上手，操作门槛很低。基础的直播美化功能都有，基本上能满足大多数情况下的需要。在设置完成后，点击“确认开始”按钮，即可开始直播。

图10.16　小程序直播主播端

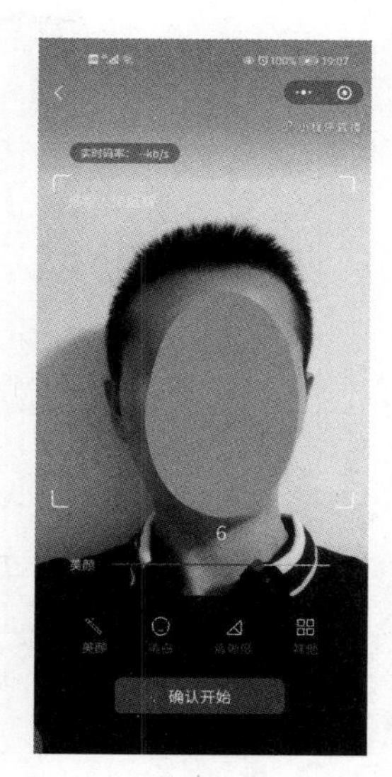

图10.17　小程序直播主播端发起直播

10.7　如何接入第三方推流设备

在讲解如何接入第三方推流设备之前，先了解一下第三方推流直播有什么用（即使用场景)?

在直播中要展示文档、PPT、视频、网页等内容或其他更丰富的直播形式，这时就需要用到推流设备直播。

那么应该如何接入呢？下面进行具体步骤讲解。

10.7.1　确认小程序直播组件版本

如图10.18和图10.19所示，登录微信小程序公众平台，查看入口：设置→第三方设置→插件管理→小程序直播组件详情。图10.19红色框标记即为当前小程序直播组件的版本号。注意：小程序直播组件版本在1.0.3及以上可以使用推流设备直播。

图10.18　小程序插件管理

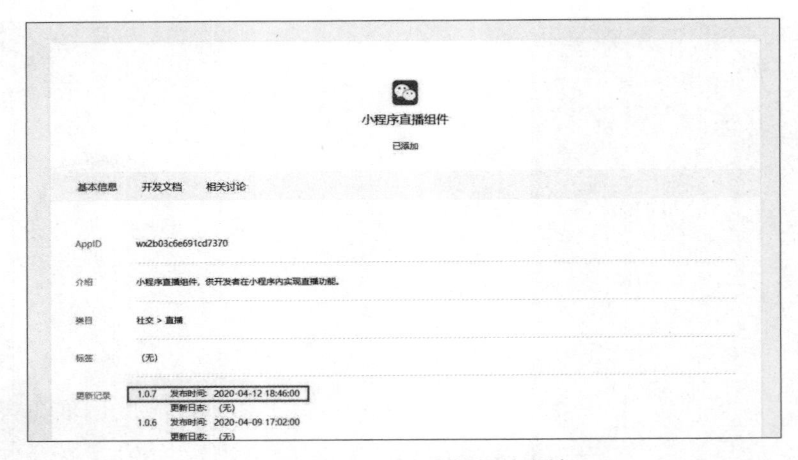

图10.19　小程序直播组件详情

10.7.2　创建直播间

如图10.20所示，创建小程序直播间时，直播形式选择“推流设备直播”，然后根据需要选择合适的屏幕尺寸。

图10.20　小程序直播间创建

10.7.3　获取推流地址

小程序直播间创建完毕后，会显示一个弹窗，提示查看小程序直播码、添加运营资源、查看推流地址。也可以在直播间列表，点击推流地址进行获取。查看和获取位置，如图10.21所示。

在接入第三方推流设备直播时，需要填写对应直播间的推流地址。

图 10.21　获取直播间推流地址

10.7.4　OBS 推流设置

OBS是目前使用相对广泛且好用的推流直播的软件。下面都以OBS为例做讲解。

打开 OBS 软件，在界面的右下角有个“设置”菜单，单击进入，选择“推流”选项卡，如图10.22所示。进行推流设置，具体设置说明如下。

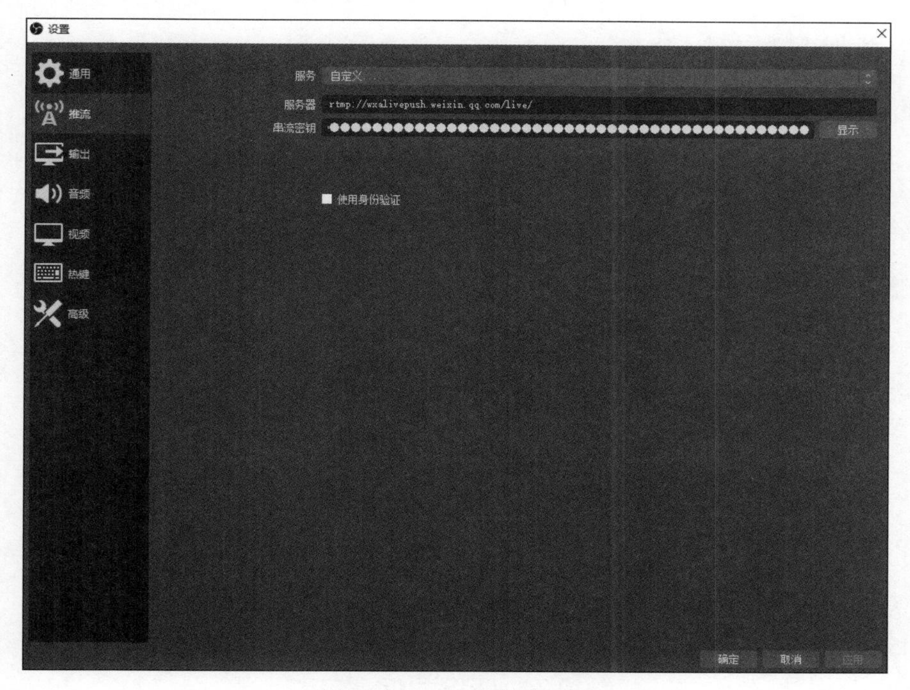

图 10.22　OBS推流设置

（1）“服务”选择自定义。

（2）“服务器”填写图10.23中红色方框内的地址。

（3）“串流密钥”填写图10.23中紫色画线部分。

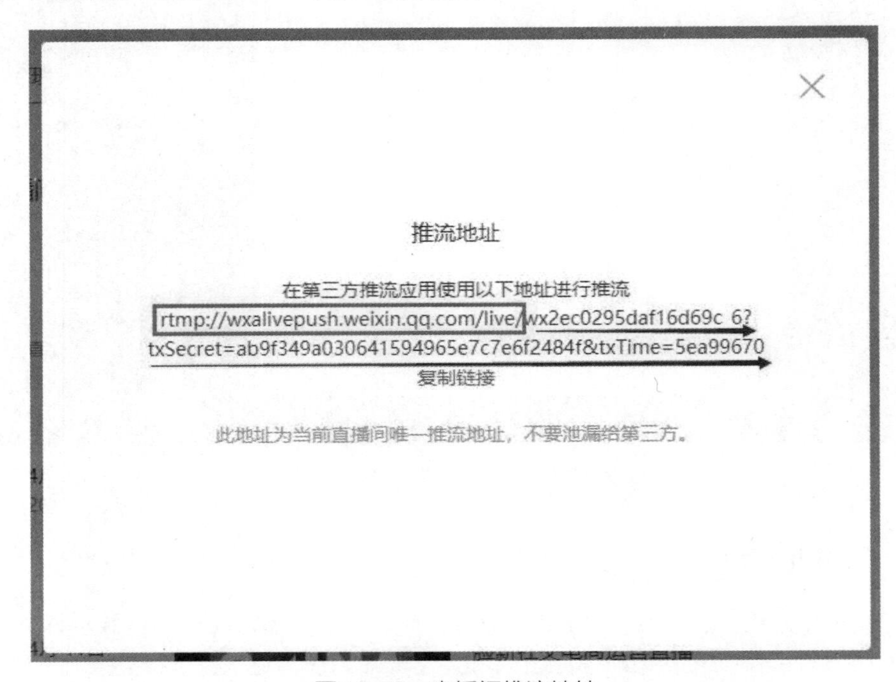

图10.23　直播间推流地址

10.7.5　添加直播内容

如图10.24所示，添加直播的内容。

图10.24　OBS添加直播内容

将直播内容（音频、视频）加载好，单击OBS界面的右下角“开始推流”按钮，即可完成推流设备接入。

10.8　如何在小程序里实现直播间

通过上面的内容，我们对小程序直播有了整体的了解，也知道如何开通直播、创建直播间、主播端认证等基础知识。所做的一切，都是为了要在我们自己的小程序里，实现小程序直播间的功能。

那么，应该如何在小程序里实现直播间呢？方法很简单，首先引入直播组件，然后写跳转进入直播间的代码即可，下面进行具体讲解。

10.8.1　直播组件引入

在小程序项目app.json中添加引用，代码如图10.25所示。

```
"plugins": {
    "live-player-plugin": {
        "version": "1.0.8", // 注意填写该直播组件最新版本号，微信开发者工具调试时可获取最
        "provider": "wx2b03c6e691cd7370" // 必须填该直播组件appid，该示例值即为直播组件
    }
}
```

图10.25　小程序直播组件引入代码

10.8.2　跳转进入直播间

跳转进入直播间的方式，有以下两种。

- 使用navigator组件。
- 使用navigateTo方法。

下面用navigateTo方法实现，给大家做演示说明。

```
page(
  /**
   * 生命周期函数--监听页面加载
   */
  onLoad: function (options) {
    console.log(options);
    let roomId = options.room_id; // 获取页面参数：room_id房间号
  let customParams = { path: 'pages/index/index', room_id: roomId } // 开发者在直播间页面路径上携带自定义参数（如示例中的 path 和 pid 参数），后续可以在分享卡片链接和跳转至商详页时获取，详见微信小程序开发文档，小程序直播【获取自定义参数】、【直播间到商详页面携带参数】章节

    wx.redirectTo({
```

```
                url: 'plugin-private://wx2b03c6e691cd7370/pages/live-player-plugin?room_id=${roomId}&custom_params=${encodeURIComponent(JSON.stringify(customParams))}' //小程序直播间页面url固定为: plugin-private://wx2b03c6e691cd7370/pages/live-player-plugin?room_id=，指向的是小程序直播插件的一个页面
            });
        }
    );
```

如上述代码，实现的是一个进入直播间的中转跳转页面。接收从其他页面，跳转过来携带的参数 room_id（房间号），然后组合拼接参数，跳转到小程序直播间页面。这样即可实现一个简单的直播间功能，用户即可在小程序里观看直播啦。

需要说明的是，房间号可以在微信小程序公众平台，直播间详情页面里查看获取。在真实项目开发中，小程序端需要请求服务端接口，该接口通过小程序直播间列表接口（微信小程序官方开发文档里有此接口详细介绍），获取直播间列表数据并返回。用户点击小程序端直播间，即可进入并在线观看直播。

10.9 本章小结

本章通过微信小程序直播组件介绍、微信小程序直播开通、创建小程序直播间、小程序主播端使用及认证、接入第三方推流设备和小程序里直播间代码实现的讲解，让读者了解小程序直播开通等相关流程、学习和掌握微信小程序直播组件的开发。在学习完微信小程序开发基础知识、项目案例开发技巧和小程序直播组件开发，对于小程序开发，可能还有些疑问，比如，微信小程序未来发展趋势怎样、什么类型的应用适合微信小程序开发、微信小程序云开发和原生开发如何选择、如何通过微信小程序广告赚钱、微信小程序提交审核有哪些注意事项等对于这些问题，在第11章中进行逐一解答。

第11章 问题答疑

小程序未来发展趋势怎样？什么类型的应用适合小程序开发？小程序云开发和原生开发如何选择？如何通过小程序广告赚钱？小程序提交审核有哪些注意事项？……这些是不少微信小程序开发初学者，所关心的问题。本章对于这些问题，进行针对性的逐一解答，帮助读者在学习小程序开发时，能更坚定学习的意义及目标。

学习思维导图

学习目标	小程序未来发展趋势怎样 什么类型的应用适合小程序开发 什么是小程序云开发 小程序云开发和传统开发如何选择 有哪些小程序开发框架 如何通过小程序广告赚钱 小程序提交审核有哪些注意事项 小程序发布后有哪些运营注意事项
重点知识	小程序云开发 小程序开发框架 小程序广告赚钱 小程序运营
关键词	小程序发展趋势、小程序云开发、小程序开发框架、小程序广告赚钱、小程序提交审核、小程序运营

11.1 小程序未来发展趋势怎样

在谈微信小程序未来发展趋势之前，简单回顾一下微信小程序的发展历程。

2016年9月，微信小程序正式开启内测。在微信生态下，触手可及、用完即走的微信小程序引起广泛关注。

2017年1月，万众瞩目的微信第一批小程序正式低调上线，用户可以体验到各种各样小程序提供的服务。

2017年12月，微信更新的 6.6.1 版本开放了小游戏，微信启动页面还重点推荐了小游戏“跳一跳”。

2018年1月，微信提供了电子化的侵权投诉渠道，用户或者企业可以在微信公众平台以及微信客户端入口进行投诉。

2018年3月，微信正式宣布小程序广告组件启动内测，内容还包括第三方可以快速创建并认证小程序、新增小程序插件管理接口和更新基础能力，开发者可以通过小程序来赚取广告收入。

2020年3月，微信小程序直播组件发布上线，开发者只需简单配置开发，即可快速完成小程序直播功能，轻松实现小程序直播卖货。

2020年8月，“小商店助手”微信小程序正式全量开放，个人可以一键拥有自己的卖货小程序、线上商店，商家可以享受0元开店、免服务费，还能直播带货。

以上只是微信小程序一些具有代表性的重大事件。从中，我们不难看出，微信小程序发展速度很快，功能越来越强大，也越来越方便易用。

除了微信小程序的快速发展，紧跟其后的支付宝小程序、百度小程序、头条小程序以及轻应用等都在不断更新版本、丰富开发能力。这样就促使整个小程序的生态越来越枝繁叶茂，小程序也越来越被更多的人所了解，并成为日常生活中的高频应用。

随着5G和物联网的快速发展，逐渐普及，会有更多小程序应用场景，小程序的应用将会更加普遍和广泛，开发需求也将可能迎来新一轮的爆发。试想一下，我们扫一下二维码，或者是直接打开一个小程序，就可以很方便地控制远在家里的空调或电饭煲，这是一个很顺畅的体验。而不需要下载、安装App，经历比较烦琐的操作。简而言之，小程序具有明显优势，这些优势让其更有发展前景，也更有生命力！

11.2 什么类型的应用适合小程序开发

理论上讲，几乎所有应用都可以用微信小程序开发。看到这句话，你可能会想：有点儿夸大其词了吧，微信小程序有这么厉害吗？是的，小程序现在越来越厉害了。我们不妨先看一下，微信小程序目前的技术生态，如图11.1所示。

从图11.1可以很清晰看出，微信小程序目前能开发哪些类型的应用，以及可以运行的平台。简单地说，微信小程序是可以跨平台运行的应用程序。但与任何一门编程语言一样，都不是真正意义上适合开发所有的应用程序，或满足各种系统开发需求。微信小程序目前更适合以下类型的应用程序开发，优先考虑标准如下。

（1）简单、低频、对性能要求不高的。

（2）产品对微信社交关系有较强的依赖，比如，打卡、社交电商、裂变分享等。

（3）小程序开发周期短，体验比较好，可以满足产品快速上线、最小成本试错，验证想法。适合MVP（最小可行性产品）产品研发。

（4）小程序可以借助微信社交关系快速积累用户，相对容易推广。

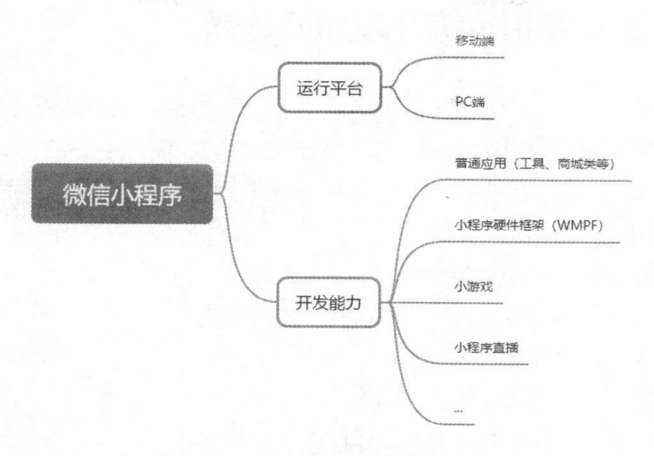

图 11.1　微信小程序技术生态

11.3　什么是小程序云开发

开发者可以使用云开发，开发微信小程序、小游戏，无须搭建服务器，即可使用云端能力。

云开发为开发者提供完整的原生云端支持和微信服务支持，弱化后端和运维概念，无须搭建服务器，使用平台提供的API进行核心业务开发，即可实现快速上线和迭代，同时这一能力，同开发者已经使用的云服务相互兼容，并不互斥。如图11.2所示。

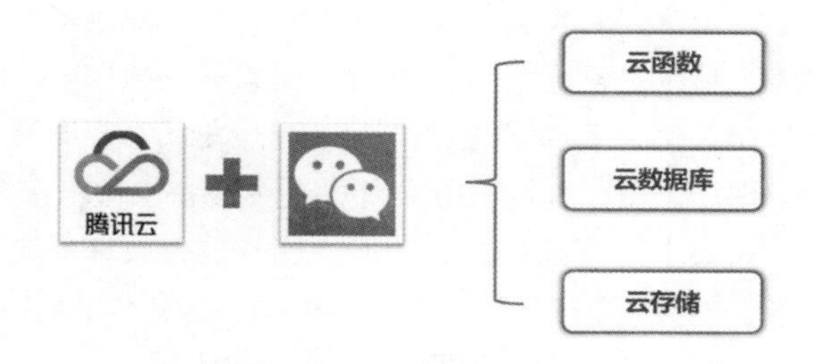

图 11.2　小程序云开发

上面的描述可以简单概括为：云开发让我们专注业务开发，而无须考虑服务端，提升开发效率。

云开发是如何实现的呢？这取决于云开发提供的几大基础能力支持，如表11.1所示。

表 11.1　云开发提供的几大基础能力

能力	作用	说明
云函数	无须自建服务器	在云端运行的代码，微信私有协议天然鉴权，开发者只需编写自身业务逻辑代码
数据库	无须自建数据库	一个既可在小程序前端操作，也能在云函数中读写的 JSON 数据库
存储	无须自建存储和 CDN	在小程序前端直接上传 / 下载云端文件，在云开发控制台可视化管理
云调用	原生微信服务集成	基于云函数免鉴权使用小程序开放接口的能力，包括服务端调用、获取开放数据等能力

11.4 小程序云开发和传统开发如何选择

小程序云开发是什么，上面已大概有所了解。本节所提到的传统开发就是非云开发，需要搭建服务端，写数据接口的小程序开发模式。小程序云开发和传统开发应该如何选择？即小程序云开发和传统开发应该优先学习哪一个？这是困扰不少小程序开发初学者的问题。回答这个问题，我想通过以下几点来解答。

1. 小程序云开发适合（做）什么？

- 个人开发者。
- 简单的小工具（如计算器）。
- 不需要后台管理、无须考虑服务端。
- 不需要支持多端（如小程序、H5、App）。
- 不需要（特别）考虑性能及高并发。

目前来说，除上述任意一点以外，都建议使用小程序传统（小程序端+服务端）开发。

2. 学习建议

不可否认，我们大多数人或大多数情况下，考虑学习一门编程语言或技术，其是否好找工作，是优先考虑的问题。在当前，小程序传统开发是主流，其适合开发功能更丰富和强大的应用，也是大多数公司对于小程序开发的岗位要求。所以，建议（首选）学习小程序传统开发。

3. 长远考虑

小程序云开发目前正在不断发展中，未来可能会成为趋势；但目前来说它还没有很明显的优势，特别是对于公司：有项目积累——微信登录授权等都可以快速搞定，服务器和域名相对都是小开销。简而言之，小程序云开发，对于有经验的公司、团队及个人，并不会提升开发速度。相反，自己开发服务端可以更灵活，也可以按需优化系统性能。

如果小程序云开发后续能更加开放，或许能更快速且广泛地被使用。然而，无论怎样，本书所讲的开发技巧，并不会过时（彻底用不了）。至少是页面布局或一些功能效果的实现，比如，滑动取消、吸顶停靠、卡片滑动切换、语音搜索和音频播放器等，无论是哪种开发模式，都是有必要掌握的开发技能。

11.5 有哪些小程序开发框架

小程序开发框架，无论对于小程序初学者，还是已有比较丰富开发经验的程序员，多少都会接触到，或尝试寻找、期待能“偶遇”好用的开发框架。毋庸置疑，开发框架的魅力，其根本来自于每个程序员都想提高开发效率和质量，最好能一劳永逸的内在驱动力。那么，微信小程序有哪些开发框架呢？下面罗列一些常用且比较热门的开发框架。

1. 美团小程序框架mpvue

mpvue是一个使用Vue.js开发小程序的前端框架。框架基于Vue.js核心，mpvue修改了Vue.js的runtime和compiler实现，使其可以运行在小程序环境中，从而为小程序开发引入了整套Vue.js开发体验。

使用mpvue开发小程序，将在小程序技术体系的基础上获取到以下的一些能力，其主要特性如下。

- 彻底的组件化开发能力：提高代码复用性。
- 完整的 Vue.js 开发体验。
- 方便的 Vuex 数据管理方案：方便构建复杂应用。
- 快捷的 webpack 构建机制：自定义构建策略、开发阶段 hotReload。
- 支持使用 npm 外部依赖。
- 使用 Vue.js 命令行工具 vue-cli 快速初始化项目。
- H5 代码转换编译成小程序目标代码的能力。

2. Tina.js

一款轻巧的渐进式微信小程序框架。官网：https://tina.js.org，Github地址：https://github.com/tinajs/tina。

Tina.js主要特性如下。

- 轻盈小巧。核心框架打包后大小仅6kb。
- 极易上手。保留MINA（微信小程序官方框架）的大部分API设计；无论有无小程序开发经验，都可以轻松过渡上手。
- 渐进增强。为开发者准备好了状态管理器（如Redux）、Immutable.js、路由增强等扩展，当然开发者也可以自己编写一个新的插件。

3. Vant Weapp

Vant Weapp是移动端Vue组件库Vant的小程序版本，两者基于相同的视觉规范，提供一致的API接口，助力开发者快速搭建小程序应用。它的前身叫zanui-weapp，由有赞前端团队开发。官网：https://vant-contrib.gitee.io/vant-weapp，Github地址：https://github.com/youzan/vant-weapp。

Vant Weapp的特点可以用一句话概括：高颜值、好用、易扩展的微信小程序UI库。其中，比较常用的组件有：Calendar日历、Rate评分、Slider滑块、Search搜索、Stepper步进器、Uploader文件上传、ActionSheet上拉菜单、Dialog弹出框、DropdownMenu下拉菜单、Notify消息提示等。

4. Taro

Taro是一个开放式的跨端跨框架解决方案，支持使用React、Vue、Nerv等框架来开发微信、京东、百度、支付宝、字节跳动、QQ小程序、H5等应用。现如今市面上端的形态多种多样，Web、React Native、微信小程序等各种端大行其道，当业务要求同时在不同的端都要求有所表现时，针对不同的端去编写多套代码的成本显然非常高，这时只编写一套代码就能够适配到多端的能力就显得极为需要。官网：https://taro.aotu.io/，Github地址：https://github.com/nervjs/taro。

Taro特性如下。

- 框架支持。在Taro 3中可以使用完整的 React/Nerv和Vue/Vue3 开发体验。
- 多端转换支持。目前Taro 3可以支持转换到微信、京东、百度、支付宝、字节跳动、QQ小程序以及H5端。

5. uView

uView UI是uni-app生态优秀的UI框架，全面的组件和便捷的工具能极大提高开发效率，是多平台快速开发UI框架。官网：http://uviewui.com/，Github地址：https://github.com/YanxinNet/uView。

uView主要特性如下。

- 兼容安卓、iOS、微信小程序、H5、QQ小程序、百度小程序、支付宝小程序、头条小程序。
- 60+精选组件，功能丰富，多端兼容，让你快速集成，开箱即用。
- 众多贴心的JS利器，让你飞镖在手，召之即来，百步穿杨。
- 众多的常用页面和布局，让你专注逻辑，事半功倍。
- 详尽的文档支持，现代化的演示效果。
- 按需引入，精简打包体积。

以上只是几个相对比较主流的微信小程序开发框架，对于开发框架的选择建议：如果是纯UI框架，它更倾向于解决部分比较难实现的功能，利用里面的组件来提高开发效率，避免重复造车，比如，Calendar日历、Rate评分等。如果真的想选择一个小程序开发框架，倾向于选择能跨端开发的，就是编写一套代码就能够适配多端（百度、支付宝、字节跳动、QQ小程序、H5等），这种可以大大提升开发效率；而且跨端或跨平台开发框架也是目前的一个趋势。

11.6 如何通过小程序广告赚钱

本节应该是本书中非技术类最受读者感兴趣的内容——赚钱是一个经久不衰、让人振奋的话题。如何通过小程序广告赚钱？在回答这个问题之前，我们有必要弄清楚通过小程序广告赚钱的步骤。

1. 开通流量主

开通小程序流量主，是开启赚钱的第一步，也是很关键的一步。那么如何开通小程序流量主呢？只要满足累计独立访客（UV，即小程序累计用户）不低于1 000，且小程序没有严重违规记录，即可在微信小程序公众平台开通流量主。

看到这里，你可能感觉“还好，没那么难”；但对于没有任何流量的个人来说，还是有些困难的，特别是想在短期内开通。对于草根来说，如何能比较快速地开通微信小程序流量主呢？有以下几种方法。

- 通过自身拥有的渠道，比如，微信群、微信朋友圈、QQ群、QQ空间、微博、博客等，坚持每天或定期分享小程序海报或介绍；同时让身边的亲朋好友帮忙不定期转发到自己的朋友圈，这样一般可以在一个月左右达到开通条件。当然，这个方法的前提或想有更快的效果，最好小程序有比较偏大众且能吸引人的内容，比如，高清壁纸、表情头像等，或者是有比较实用的功能，这样就有可能让用户愿意主动转发、分享。
- 通过资源置换或者是互推，无论是网站还是小程序等，你所拥有的资源。如果能够置换或者合作得越多，用户积累就会越快，也越能尽早达到开通条件。
- 付费推广：简单粗暴的方法。直接通过付费推广，这种方式相对最快。目前市场价，差不多是0.2元一个用户，1 000个用户，费用为200~300元。

2. 添加广告位代码

流量主开通后，在小程序里添加广告位代码。广告位代码获取及添加，在微信小程序官方开发文档上，有详细的说明，步骤也很简单，这里就不再赘述。在添加广告位代码之前，要知道目前有哪些小程序广告位类型，具体如表11.2所示。

表11.2　小程序广告位类型

类型	说明
Banner广告	灵活性较高，适用于用户停留较久或访问频繁等场景
激励式广告	用户观看广告获得奖励，适用于道具解锁或获得积分等场景
插屏广告	弹出展示广告，适用于页面切换或回合结束等场景
视频广告	适用于信息流场景或固定位置，展示自动播放的视频广告
视频贴片广告	适用于有视频内容的小程序接入，可在视频内容播放前展示
格子广告	灵活性较高，适用于用户流程结束页或访问频繁等场景
原生模板广告	在一定规则下，支持开发者对广告样式进行自定义配置

如表11.2所示，目前小程序广告位有7种类型，每种广告收益不大相同。其中收益比较高的是激励式（视频）广告，其他的视频类广告收益，大多数情况下也都高于Banner广告和格子广告。这也比较容易理解，因为毕竟视频传播的内容会更多、信息更丰富，视频相对图片也更能吸引人，所以说它的广告价值会更大。既然是通过小程序广告赚钱，那肯定是优先考虑广告收益较高的广告位。

目前收益比较高的是激励视频广告，那么我们应该如何提高激励视频广告的收益呢？首先，激励视频广告收益包括两部分：曝光收益和点击收益。点击广告收益的前提必须要曝光，而提高广告点击是我们无法引导、控制的，所以这个问题归根结底是如何提高激励视频广告的曝光率？依据微信小程序运营规范，激励视频广告一般是通过用户点击（按钮等组件）触发广告显示（曝光）的。那么这个问题再进一步分析，既然是需要用户点击，那就需要能够引导用户，并让用户有动力或愿意去点击观看激励视频广告。所以，这背后肯定需要有利益驱动，一定要让用户知道：点击观看激励视频广告能获得什么，而且获得的东西对他有一定的吸引力。下面列举一些比较常见、且效果不错的激励视频广告应用场景。

- 功能解锁：小程序中提供高级的功能，观看完激励视频广告才可解锁此功能，获得1次免费使用机会。比如，在“高清壁纸推荐”小程序中，只有观看完激励视频广告，才可以下载壁纸图片。
- 内容解锁：与“功能解锁”很相似，即小程序中部分精选或收费内容，观看激励视频广告才可以解锁浏览。比如，在“高清壁纸推荐”小程序中，只有观看完激励视频广告，才可以浏览某壁纸套图下更多的壁纸图片。这里需要注意的是，内容有别于功能，大多数不会是刚需（对于用户是很需要的内容），所以，一般需要提供免费、无须解锁、可直接浏览的内容。这样，用户在大概了解小程序内容后，如果比较喜欢，才有可能去观看激励视频广告，解锁其他内容。
- 奖励积分等：这一点简单、直接，一般看完激励视频广告，即可获得积分、金币等虚拟（平台）货币，或者直接奖励现金红包。
- 给予抽奖机会：用户看完激励视频广告，可参与抽奖活动（活动截止后，从中随机选择中奖用户），或直接获得大转盘、九宫格、刮刮卡或砸金蛋等一次抽奖机会。

通过上面的讲解，对于如何通过小程序广告赚钱，想必大家已经有了比较清晰的认识。然而，即便是这样，小程序广告赚钱之路也只能算是开启；至于能否赚到比较多的钱，主要取决于小程序的用户数量（包括日活跃用户数量），（小程序）产品是否好、是否能解决用户痛点；说到底，还是要打磨好的产品，再结合持续有效的运营，这样才可能有比较高的广告收益。

11.7 小程序提交审核有哪些注意事项

通过前面章节的学习，我们学会了如何开发小程序，也知道了如何通过小程序广告赚钱，但是当我们真的开发完一个小程序，满怀希望地提交审核时，却很有可能会遇到被审核拒绝的情况。辛苦开发的小程序，结果审核不通过，无论是谁都无法很淡定；我就曾多次遇到这种情况，不同的项目，被审核拒绝原因都不尽相同，唯一相同的是：我要比较无奈、见招拆招地寻找解决办法。那么应该如何提高小程序审核的通过概率呢？再准确地说就是小程序提交审核有哪些注意事项？这就是本章节要重点解答的一个问题。

小程序提交审核主要有以下两个方面，需要注意并做好自查。

1. 内容

检查内容是否符合小程序的相关规范，比如，不得含有政治敏感、色情、暴力血腥、恐怖内容及国家法律法规禁止的其他违法内容。小程序的内容或服务，是否与小程序所选的服务类目相符。微信小程序的服务类目，可在微信小程序公众平台，“设置→基本设置”中查看，如图11.3所示。

图11.3 小程序服务类目查看

如何解决内容上的不符合规范呢？这里所说的不符合规范，并不是违法内容，而是正常的内容，但却被微信小程序官方过于苛刻、甚至有些匪夷所思的规范，认定为是不符合规范的内容。之前在提交“高清壁纸推荐”微信小程序时，就多次被审核拒绝，拒绝原因为“微信小程序内容或功能不得纯粹或主要用于将女性或男性的外貌、身份、特定或综合的个人能力等进行商品化展示，并以此作为引导或推广，如纯粹的美女图册、视频集、图文集等”。（此规范具体见微信小程序运营规范3.12）。作为一个壁纸小程序，里面有各种类型的高清壁纸，包括美女、明星壁纸，这是很正常的事，但却被认定为不符合3.12规范。后面尝试把所有比较性感的图片全部隐藏，只保留明星壁纸图片，同样还是不行，真是让人很是郁闷。

回答上面的问题，直接按拒绝原因听话照做，肯定是没有问题。但那样很可能会造成小程序功能或内容的缺失，而导致小程序的体验以及最终的效果达不到预期。所以在这里要介绍一种好用且屡试不爽的方法：通过服务端数据接口来控制，功能或内容的显示或隐藏。具体操作：在小程序审核期间，将某些功能或内容通过接口设置隐藏，等审核通过之后再进行开启，这样就可以顺利通过小程序的审核。

2. 功能

功能方面，首先，功能是否能正常使用，至少是90%以上的主体功能顺畅使用。如果存在暂未开放或不能使用的功能，需要点击按钮或菜单后有相应的提示，比如，“正在开发中”或“即将开放”。其次，微信小程序不允许只有单个页面的小程序，这种会被微信小程序官方判定为内容过于单一或缺少有用的服务。

其他功能审核规范，比如，不能有诱导分享、不能存在互推行为、不能存在诱导下载行为、不能存在有偿投票行为、不能存在过度营销行为等违反小程序运营规范的功能。更多运营规范，可在微信小程序官方文档运营规范中具体了解查看。

微信小程序目前审核情况是，小程序首次提交审核最为宽松，基本上只要没有什么比较明显的违规，都可以很快地通过审核。但这种优待有且仅有一次，后续基本上是会一次比一次审核严格。

所以，为规避因审核不过而影响功能使用等情况，建议尽可能不要频繁地提交审核。在小程序开发时，尽量把一些功能或内容能够做得更灵活，能够通过接口控制，比如，功能是否开启或显示、文案内容、分类菜单等。这样就可以避免因一个小的修改，需要重新提交审核。

当然，如果真的遇到一些莫名其妙、百思不得其解的审核拒绝原因，建议可以考虑提交申诉，让小程序官方审核人员，明确指出是哪儿的问题。这个我有亲身体验，在前不久提交“高清壁纸推荐”小程序审核时，就被小程序官方以“小程序涉及含有侵犯他人权利的信息，如小程序名称侵权、logo侵权等”为由审核拒绝。因为之前已被这种原因拒绝，曾修改过2~3次，实在是想不出目前的小程序名称或logo，有什么可能侵权的地方，就尝试提交了申诉，让具体指出名称或logo是什么地方侵权了，最后结果出乎意料，竟然审核通过了。这其中不排除：两次审核是不同的审核人员，他（她）的审核标准更甚至是当时审核的心情不同而导致。无论如何，这给了我们一个启示：遇到这种想不通的审核拒绝原因，一定要跟官方进行申诉，不要盲目地去修改。

最后，对于含有微信小程序广告的，需注意小程序提交审核通过后，微信小程序官方会进行广告位的审核。微信小程序官方规定同，小程序一屏内显示广告位不能太多（大概上限是3个）。所以，建议小程序广告位的展示也通过服务端接口获取和控制，这样能避免广告位审核不通过，以及需要修改并重新提交小程序的不必要操作。

11.8 小程序发布后有哪些运营注意事项

开发的小程序通过审核发布后，对于开发是结束，但对于运营才是刚刚开始。所以小程序发布后，需要进行小程序的运营；对于偏技术角度来说，需要关注以下几点。

1. 小程序是否存在违规

定期登录微信小程序公众平台，查看是否存在违规提醒，可在“通知中心”中查看。这些违规提醒通常包括：微信小程序平台监测到的，或者是有人举报，恶意举报的。如不及时处理这些违规，很可能会影响微信小程序的正常使用。比如，被恶意举报之后，导致小程序无法分享，甚至被直接关闭账号等严重后果。

2. 小程序统计数据

小程序统计数据，主要看每日新增用户、每日活跃用户和累计用户等。通过这些数据，可以了解目前小程序的大概发展情况和趋势。

通过行为和页面分析数据，可以清晰地知道，哪些小程序页面是用户访问频繁或停留时间最长的，哪些又是相对比较弱的。可以根据情况缩短用户操作路径，减少页面跳转等，提高用户的使用时长和停留时间。

通过来源分析可以了解，小程序目前的新增用户主要是通过哪些渠道，然后根据渠道的强弱来进行针对性的优化。比如，如果搜索来源比较差，就需增加小程序排名优化。

对于用户画像的分析，其中包括性别及年龄分布、地域分布、终端及机型分布，通过这些数据分析可以很全面地了解，小程序的用户是哪些人群、以及他（她）们可能具有哪些消费习惯等。还可以根据主要用户的年龄或地域分布等，从我们身边寻找潜在的目标用户，了解他们对小程序的使用体验以及看法，这样有助于对后期小程序的迭代提供参考。

3. 小程序错误日志

不定期登录微信小程序公众平台，在“开发→运维中心→错误查询”页面中，查看小程序错误日志，如图11.4所示。在该页面中，可以按时间段和错误关键字等，方便地查询错误记录。对于一些频繁出现，或者是比较严重的错误，那就有必要做一个bug修复，或者是尽快在新的版本中进行修改。

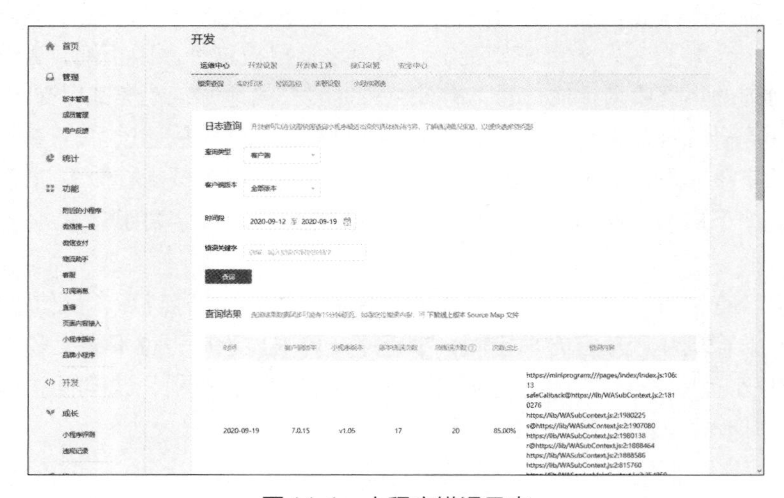

图11.4 小程序错误日志

总之，通过以上 3 点的检查或分析，将能在最大程度上确保小程序能正常、平稳和持续不断的良好发展。

11.9　本章小结

本章通过一些常见问题的解答，包括小程序未来发展趋势怎样？什么类型的应用适合小程序开发？什么是小程序云开发？小程序云开发和传统开发如何选择？有哪些小程序开发框架？如何通过小程序广告赚钱？小程序提交审核有哪些注意事项？小程序发布后有哪些运营注意事项？希望让大家能开发一款自己的小程序，并能顺利通过审核、成功发布，最好还能赚取广告收益，真正能学以致用，感受到编程的乐趣。